U0172224

Tailored Light 1:
High Power Lasers for Production

"十二五"国家重点图书出版规划项目

湖北省学术著作出版专项资金资助项目

世界光电经典译丛

丛书主编 叶朝辉

🐎 Springer

定 制 光

生产用高功率激光器

Reinhart Poprawe   Konstantin Boucke
Dieter Hoffman   编著

阮双琛 唐霞辉 吕启涛 译

华中科技大学出版社

http://www.hustp.com

中国·武汉

First published in English under the title

Tailored Light 1:High Power Lasers for Production

by Reinhart Poprawe, Konstantin Boucke and Dieter Hoffman

Copyright © Springer-Verlag GmbH Germany, part of Springer Nature, 2018

This edition has been translated and published under licence from Springer-Verlag GmbH,
part of Springer Nature.

湖北省版权局著作权合同登记　图字:17-2019-197 号

图书在版编目(CIP)数据

定制光:生产用高功率激光器/(德)莱因哈德·普诺威,(德)康斯坦丁·鲍克,(德)迪特尔·霍夫曼编著;阮双琛,唐霞辉,吕启涛译.—武汉:华中科技大学出版社,2020.7
(世界光电经典译丛)
ISBN 978-7-5680-6048-6

Ⅰ.①定… Ⅱ.①莱… ②康… ③迪… ④阮… ⑤唐… ⑥吕… Ⅲ.①大功率激光器　Ⅳ.①TN248

中国版本图书馆 CIP 数据核字(2020)第 123996 号

定制光:生产用高功率激光器	Reinhart Poprawe	
Dingzhiguang:Shengchanyong Gaogonglü Jiguangqi	Konstantin Boucke	编著
	Dieter Hoffman	
	阮双琛　唐霞辉　吕启涛　译	

策划编辑:徐晓琦
责任编辑:朱建丽
装帧设计:原色设计
责任校对:张会军
责任监印:徐　露

出版发行:华中科技大学出版社(中国·武汉)　　电话:(027)81321913
　　　　　武汉市东湖新技术开发区华工科技园　邮编:430223
录　排:武汉正风天下文化发展有限公司
印　刷:湖北新华印务有限公司
开　本:710mm×1000mm　1/16
印　张:14.5
字　数:239 千字
版　次:2020 年 7 月第 1 版第 1 次印刷
定　价:88.00 元

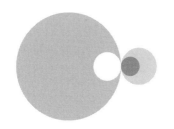

译者序

　　自 1960 年第一台红宝石激光器问世以来,激光的发展经历了整整 60 个年头。今天,在回顾这段流光溢彩的科学史之际,该用一个什么样的词来概括激光的特征? 对此,本书有一个新奇的答案——Tailored Light。作为本书的译者,我们学习、研究和应用激光长达 30 年,确信能够在很大程度上理解这个词的科学含义。但是依照"信、达、雅"的翻译准则,要按中文习惯表述它的时候,我们被难住了。我们实在找不到一个理想的中文词。好在本书姊妹篇的中译本已经出版,我们干脆直接沿用之——定制光。

　　书名翻译的困难性反映了用简单语言描述激光特征的困难性。而激光的特征在本书的论述中被抽丝剥茧,让我们一步步感受到作者对激光和激光器的全面而深刻的理解。

　　本书始于对激光历史的介绍,即第 1 章。接下来是对激光精炼的概述,即第 2 章。如果读者没有阅读全书的计划,只要认真读完第 2 章,相信也会对激光的产生机制、整体结构、运转过程和应用领域有一个基本的认识。

　　在随后的第 3 章和第 4 章中,作者利用麦克斯韦方程讨论电磁辐射,并遵循这一理论体系对相关问题逐渐扩展、引申、演绎……第 5 章和第 6 章讲述了激光光束和光学谐振腔。第 7 章则利用偶极子模型,将激活介质的行为归结为一个阻尼振子的运动,进而讨论复折射率、能级寿命、谱线宽度等。从整体上看,本书的理论结构有一种"自成系统"的特点。

　　本书的另一个特点是"重点突出"。激光辐射的重点无疑是粒子数反转

(不考虑无粒子数反转激光情况)。爱因斯坦在 1917 年预言了受激发射的存在,但在热平衡状态下受激发射速率是自发发射速率的 $1/10^{12}$(典型光学情况)。正是粒子数反转这样一种非平衡态确保了光放大。本书在第 2 章就将粒子数反转的物理缘起、图像诠释、放大机制等阐述得清清楚楚。之后,在几乎所有相关的场合都反复强调这一点,这给读者留下一遍又一遍的深刻记忆。事实上,这一点对于考虑任何激光理论和实验问题都是一个基本点。

第 8 章讨论激光辐射的产生。其亮点是,每一个重要的理论计算之后,都附加一个简明、清晰的讨论过程。比如,利用速率方程理论的结果,讨论激光的稳态运转和瞬态过程;利用谐振腔中的驻波条件,形象地解释烧孔效应(光放大的空间非均匀性);利用锁模问题的计算结果,论证峰值强度对模数平方的依赖性。这样一种"理论+讨论"的处理模式被连续使用,使读者对激光产生的整个过程形成一种深刻而直观的印象。

本书的翻译工作由深圳技术大学阮双琛校长牵头,联合了华中科技大学唐霞辉教授团队、大族激光科技产业集团股份有限公司吕启涛博士团队,由三家单位的科研人员共同完成,参与翻译的有:陈业旺(前言、第 1 章),欧阳德钦(第 2 章),赵俊清(第 3 章),彭杨虎、李都、赵希明(第 4 章),艾琛、于清铭和周明辉(第 5 章),潘耀瑞、吴洋和朱琳(第 6 章),欧阳夏(第 7 和第 8 章)。欧阳德钦进行了全文的统稿,阮双琛教授、唐霞辉教授、吕启涛博士进行了审核及校对。深圳技术大学教授、德国国际生物物理研究所首席科学家顾樵教授在本书的翻译过程中给予了指导和帮助,在此表示衷心的感谢!

感谢所有参与本书出版的专家学者,感谢读者对本书的关注。

翻译工作结束了,但我们对本书的阅读不会停止。译者愿意与广大读者分享彼此的学习体会和感受。特别是,如果读者对本书的翻译有任何质疑和意见,请不吝指出。

阮双琛

深圳技术大学

2019 年 5 月 1 日

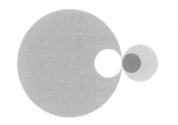

前言

"定制光"这套书包括两册,主要阐述了激光的基本特性及其应用,本书是姊妹篇中的第一册。第二册《定制光:激光制造技术》主要聚焦于激光的应用,而本书则致力于阐述常用的激光光源及其在大功率应用中的潜力。

相干光子源,即激光器,以其独特的边界性质而格外引人注目。光速,是自然科学法则基本极限意义上的边界,是迄今为止在整个宇宙中所能达到的最高速度。我们知道,任何形式的物质都需要无限的能量才能被加速到这样的极限速度,而光子的质量为零,因此能够以这样的速度运动。此外,它没有质量,没有惯性,没有物质世界中的限制。是否存在超过此极限的速度呢?我们尚不清楚。但我们确切知道这种边界的存在,这是一种奇妙的、普遍的、独特的性质。光子无质量、无物理密度,因此它的极限速度,甚至成为一个难以想象的能量单元。

谁应该读这本书?

鉴于本书的应用性内容,通常来讲,本书适合一切参与技术创新的人员阅读。此外,光子学或激光技术专业的读者将在这本书中找到有价值的内容,而不仅仅是该学科的基本知识。

技术创新的内容日益复杂化,相关过程需要系统构建。活跃于创新过程并对激光技术有兴趣的人们不需要知道速率方程或"光被受激辐射放大"的细节,但应该知道各种激光器的应用潜力(应该知道是"什么"),即不同波长的激光适合于不同的工艺和不同的材料。例如,玻璃可以完美地传输波长为 $1.3\ \mu m$ 的激光,因此具有这种波长的激光器将应用于全球范围内的信息、通信和因特网。玻璃切割可采用高吸收的远红外激光,也可采用其他波长的激光,对于低强度光,玻璃是非常透明的,即使在临界强度下使用,其吸收也很显著。

你不需要知道哪些激光介质可以用来产生哪些脉冲宽度的激光,以及这些脉冲宽度的激光是怎么产生的,但是你应该知道飞秒激光器(10^{-15} s)非常适合于超精密加工。今天我们已经可以提供平均功率高达千瓦量级的飞秒激光器,这与现代制造业息息相关。在数字光子学技术中,你不需要知道怎样从计算机的 3D 设计中获取"3D 打印"的进程数据,但是你需要知道相关的高功率半导体激光器,并了解它们的作用及在自动化生产中的成本缩减,这将会开启"经济学者"所谓的第三次工业革命。

然而,学生、工程师、学术上或工业上活跃的科学家和高级技术专家需要并且想知道"为什么是它""为什么是现在"和"如何操作",由此从本书的论述中受益。不同激光器在工作介质(气体、固态材料和半导体)、激发过程、谐振腔设计和系统特性方面的技术细节与激光器的工作原理具有紧密的相关性。关于激光辐射的特定性质的设计和激光器材料的合理选择、几何结构和谐振腔设计,所有这些应当是最优化的,这是进一步的问题。对于这些问题,你将会在本书中一一找到答案。

激光技术已经开辟了广泛的社会性应用(如移动技术、信息技术、健康、能源、安全等),作为科学界(自下而上)和激光技术(自上而下)之间的桥梁,"定制光"将市场与技术、核心竞争力和商业机会联系起来。在本书中,跨学科创新的系统学将不被明确详尽地论述,这也超出了本书所考虑的范围,激光技术与社会广告(特别涉及经济学与社会生态学)的关联性问题也予以省略。

Reinhart Poprawe

德国,亚琛

2016 年 4 月

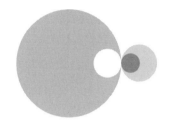

目录

第1章
激光器的发展史

激光的发展始于 1960 年,当时美国物理学家梅曼(T. Maiman)首次报道了红宝石激光器的脉冲现象。由此,大量前沿的发现和知识都变得至关重要。例如,受到梅曼关于首次实现激光输出的启发,Schawlow 和 Townes 不仅建立了光波长范围内的辐射放大的物理模型(1958 年),而且还开展了其他相关工作。

激光是基于特定介质中的受激辐射放大的,因此,辐射和物质之间的相互作用对理解激光原理在一定程度上起了决定性的作用。这种理解的先决条件是,一方面是对辐射的适当描述,另一方面是关于物质的详细模型。

1873 年,麦克斯韦(Maxwell)根据麦克斯韦方程(Maxwell's equations)组建了电磁辐射的麦克斯韦理论。这个时间点被选为激光发展史的开端似乎有些许随意(见表 1.1)。20 世纪初,随着量子力学(quantum mechanics)的发展,建立可靠的激光物质模型渐渐成为可能。原子的量子力学模型使物理学发生了革命性的变化。结合该模型,辐射与物质相互作用的起源首次得到详细表述。

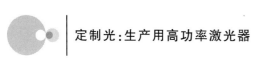

表 1.1   激光的史前史

年份	事件
1873	电磁场与光理论(Maxwell)
1887	光电效应(Hertz)
1888	证明电磁波的存在(Hertz)
1890	原子光谱的系列定律(Rydberg)
1893	开放式谐振腔(Thomson)
1896	对 X 射线辐射的发现(Röntgen)
1900	量子假说与辐射定律(Planck)
1901	证明辐射压力的存在(Lebedev,Nichols,Hull)
1902	证明光电效应对照射光波长的依赖性(Lenard)
1905	光量子假说(Einstein)
1909	辐射的统计学与波粒二象性(Einstein)
1911	全同量子统计理论(Natanson)
1912	证明 X 射线辐射具有波动性(v. Laue,Friedrich,Knipping)
1913	反馈耦合原理的发现（Meißner）
	玻尔原子模型与对应原理（Bohr）
1914	通过电子分立能量激发谱线(Franck,Hertz)
1917	诱导辐射假设（Einstein）
1922	证明原子角动量量子化(Stern,Gerlach)
	X 射线束在电子散射过程中的多普勒频移(Compton)
1923	利用康普顿效应作为碰撞问题解释光量子假说(Compton,Debye)
	材料的波动性假说(de Broglie)
1924	全同量子的玻色-爱因斯坦统计量(Bose,Einstein)
1925	量子力学(Heisenberg)
	不相容原理(Pauli)
	电子自旋假说(Goudsmit,Uhlenbeck)
1926	量子力学的矩阵表示或更普遍的非交换代数表示(Born,Heisenberg,Jordan,Dirac)
	全同量子的费米-狄拉克统计(Fermi,Dirac)
	材料的波动性理论及其与量子力学的等价性(Schrödinger)

续表

年份	事件
1927	不确定性原理（Heisenberg）
	利用晶体上表面对电子反射的干涉现象证明电子的波动性（Davisson，Germer，Thomson）
1928	电子的相对论波动方程（Dirac）
	证明诱导辐射（Ladenburg，Kopfermann）
1929	量子场论（Heisenberg，Pauli）
1930	灯的自发辐射理论（Weisskopf，Wigner）
1933	证明辐射动量（Frisch）
1934	标量场的量子理论（Pauli，Weisskopf）
1936	证明辐射角动量（Beth）
1948	提出全息摄影术（Gabor）
1950	证明 LiF 的核自旋系统中存在反转（Purcell，Pound）
1951	提出通过介质粒子数反转来放大电磁辐射和受激辐射（Fabrikant，Townes）
1953	提出微波激射器（Weber）
1954	微波激射器原理（Basov，Prokhorov）
	第一台 NH_3 分子微波激射器（Gordon，Zeiger，Townes）
1955	气体中的三能级图像（Basov，Prokhorov）
1956	固体中的三能级图像（Bloembergen）
1957	固体微波激射器（Feher，Bordon 等）
1958	红宝石微波激射器（Makhov 等）
	半导体微波激射器专利（Heywang）
	提出光波段放大（Schawlow，Townes，Prokhorov，Dicke）
1959	由光泵浦或放电系统引起粒子数反转的激光装置专利（Gould）
	提出气体激光器（Javan）
	提出半导体激光器（Basov，Bul，Popov）

然而，直到 1951 年，激光的基本概念，即物质的电磁辐射放大的想法才逐渐成熟。从此以后，微波激射器与激光器的理论，只相差了最后的一小步，即通过反馈耦合自放大理论。实际上，早在 1913 年，Meißner 就已经建立了反馈耦合原理（principle of feedback coupling）。正是电磁辐射理论、原子量子物理模型和反馈耦合原理这三个组成部分的完美结合促进了激光的发现。

1960 年之后，激光器研究走上了快速发展的轨道（见表 1.2）。然而，在工业工具中站稳脚跟之前，激光花费了将近 30 年的时间。虽然这个时间跨度看起来显得有点长，但是与其他技术（如计算机技术）相比，一项技术从无到有，再到走向成熟，其所需的时间为 25～30 年是比较典型的。在这 30 年中，激光器走过了三个发展阶段。在第一阶段，这一新技术的物理基础和思路被提出来。基于此，实验系统得到构建的同时，也得到技术改造。通过利用这些系统，该新技术的工业应用反过来又改造了这些实验系统。

表 1.2　激光发展史

年份	事件
1960	第一台脉冲激光器：红宝石固体激光器（Maiman）
	速率方程（Statz，de Mars）
	准分子作为激光介质的提出（Houtermans）
	首次观察到弛豫振荡（Collins，Nelson，Schawlow 等）
1961	第一台连续激光器：1.15 μm 的氦氖激光器（Javan，Bennett，Herriott）
	谐振腔理论（Fox，Li）
	提出化学激光器（Polanyi）
	钕玻璃激光器（Snitzer）
	提出具有导光腔的激光器（Snitzer）
	非线性效应中的倍频（Franken，Hill，Peters，Weinreich）
	首次提出调 Q 激光器（Hellwarth）
1961/1962	实现激光全息术（Leith，Upatnicks）
1962	第一台半导体激光器（Hall，Nathan，Quist 等）
	调 Q 红宝石激光器（McClung，Hellwarth，Collins，Kisliuk）
	共焦腔（Boyd，Kogelnik）
	受激拉曼散射（Eckhardt 等）

年份	事件
1962	频谱的相位匹配(Giordmaine)
	光解调(Bass, Franken, Ward, Weinreich)
	波长为 632.8 nm 的氦氖激光器(White, Rigden)
	参量放大器(Kingston, Kroll)
1963	光子统计与量子相干理论(Glauber, Sundarsham)
	半经典激光理论:模式的共存与竞争(Haken, Sauermann, Tang, Lamb jr.等)
	提出气体动力学激光器(Basov, Oraevskij)
	光纤激光器(Elias Snitzer)
1964	三倍频(Maker, Terhune, Savage)
	波导气体激光器的提出和计算(Marcatili, Schmeltzer)
	激光的量子理论与激光相干性的非线性理论(Haken)
	可见光范围内的氩氪离子激光器(Bridges)
	介于红外与微波之间波长为 377 μm HCN 激光器(Gebbie, Stone, Findlay)
	10.5 μm 和 9.5 μm 的连续 CO_2 激光器(Patel)
	授予 Townes、Basov 和 Prokhorov 诺贝尔物理学奖
	受激布里渊散射(Bret, Benedek, Brewer 等)
	1064 nm Nd:YAG 激光器(Geusic, Marcos, van Vitert)
	光化学离解导致激发态碘原子的激光辐射(Kasper, Pimentel)
	调 Q 饱和吸收体(Goodwin, Kafalas, Miller, Sorokin 等)
	提出啁啾脉冲压缩(Gires, Tournais)
	预测自聚焦(Chiao, Garmire, Townes)
1965	预测激光阈值光子统计(Risken)
	第一台 3.8 μm HCl 化学激光器(Kasper, Pimentel)
	KCl:Li/F_A 色心激光器(Fritz, Menke)
	可调谐参量光振荡器(Giordmaine, Miller)
	激光密度矩阵方程组(Weidlich, Haake)
	自聚焦的观测(Pilipetskii, Rustamov, Lallemand, Bloembergen, Hauchecorne, Mayer)
	锁模皮秒脉冲固体激光器(Maker, Collins)

续表

年份	事件
1966	10 kW 气动 CO_2 激光器（Kantrowitz 等）
	脉冲染料激光器（Sorokin，Lankard，Schäfer，Schmidt，Volze）
1968	提出利用群速度色散或色散延迟链压缩啁啾脉冲（Giordmaine，Duguay，Hansen）
	染料锁模皮秒激光器（Schmidt，Schäfer）
1969	预测光学双稳性（Szöke，Danev 等）
	脉冲压缩光栅（Treacy）
	三台激光器被工业化后应用于汽车领域（G. M. Delco）
1970	晶体、流体和玻璃的自相位调制（Alfano，Shapiro）
	TEA-CO_2 脉冲激光器（Beaulieu）
	连续染料激光器（Peterson，Tuccio，Snavely）
	莫斯科列别捷夫实验室的准分子激光器（Nikolai Basov，Yu M. Popov）
	Ioffe 物理技术研究所和贝尔实验室的连续波半导体激光器（Alferov 的小组，Mort Panish，Izuo Hayashi）
1971	分布式反馈染料激光器（Kogelnik，Shank）
	提出自由电子激光器（Madey）
	Xe_2 受激准分子激光器（Basov，Danilychev，Popov）
1972	非线性光学相位共轭（Zel' dovich，Nosach 等）
1974	预测光学晶体管特性（McCall）
1975	卤化物惰性气体受激准分子激光器（Searles，Hart，Ewing，Brau）
	晶格对被用于压缩锁模染料激光脉冲（Ippen，Shank）中
	激光器的确定性混沌（Haken）
1976	验证光学双稳态和晶体管功能（Gibbs，McCall，Venkatesan）
1977	自由电子激光器的问世（Deacon，Elias，Madey 等）
1981	光纤中的群速度色散与自相位调制，脉冲压缩
1982	30 fs 激光脉冲（Shank，Fork，Yen，Stolen，Tomlinson）
	麻省理工学院林肯实验室的钛蓝宝石激光器（Moulton）
1987	6 fs 激光脉冲（Fork，Brito Cruz，Becker，Shank）
	掺铒光纤放大器（Payne）

续表

年份	事件
1991	提出碟形薄片激光器概念(Giesen,Wittig,Brauch,Voß)
1994	提出部分端面抽运板条激光器概念(Du,Loosen)
1996	劳伦斯·利弗莫尔国家实验室的皮瓦激光器
1997	基于激光二极管泵浦的千瓦级棒形连续激光器在三菱(Takada 等)和亚琛弗朗霍夫激光技术研究所(Poprawe,Hoffmann 等)诞生
	麻省理工学院林肯实验室的原子激光器(Ketterle)
2000	1 kW 连续碟形薄片激光器(Giesen 等)
2001	孤立阿秒激光脉冲(Hentschel,Kienberger,Krausz 等)
	Jenoptik 的 2 kW 光纤耦合半导体激光器(Dorsch,Hennig 等)
2003	SPI 的 1 kW 连续光纤激光器(Y. Jeong,J. K. Sahu,D. N. Payne,J. Nilsson)
2004	1 kW 连续碟形薄片激光器(Schnitzler 等)
2006	硅片激光器(Bowers)
2009	IPG 的 10 kW 单模连续光纤激光器(Gapontsev 等)
2010	劳伦斯·利弗莫尔国家实验室的 10 PW 激光器(M. Perry 等)
	ILT 的平均功率达到 1 kW 的飞秒激光器(Rußbüldt 等)
2011	利泽莱恩公司的 10 kW 光纤耦合半导体激光器(Krause 等)
2012	Trumpf 的 10 kW 光纤耦合单微片激光器(Killi 等)

激光技术主要经历了上述发展阶段。在许多基础研究领域,激光已成为不可或缺的工具。用于超精密长度或速度测量的干涉测量或具有飞秒量级时间分辨率的超短时间光谱法证明了激光在当今研究中的重要意义。

激光器在研究过程中的大量应用为其进入工业领域做好了充足的准备。激光在生产技术中最初应用于钻削硬质加工材料,如切割金刚石和蓝宝石,连接微电子元件和切割钢板。与此同时,大量工业化的激光应用也得到了发展。

激光技术目前正逐步发展成为一种标准技术。而激光技术仍处于工业界广泛应用的初期,因而具有进一步发展的巨大潜能。

第 2 章
激光技术简介

在详细论述激光的基础和功能之前,我们首先要对激光最重要的概念及其相互关系进行概述。这样,对于后面讨论的细节安排应该在全局范围内得到简化。

2.1　激光

最初,"激光"是受激辐射的光放大(light amplification by stimulated emission of radiation)的缩写。因此,该术语最初表征了一种特殊的光放大。之后,"激光"越来越多地用于表征利用该过程的技术装置。考虑到这一点,"激光"常用于表示一种特殊的辐射源(见图 2.1)。

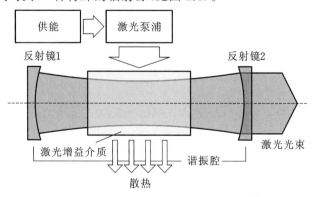

图 2.1　激光器的基本构成示意图

激光辐射具有特殊的性质,这引起了各种技术和科学应用领域人们的兴趣。产生此种特性的原因在于它的产生方式,或者更确切地说是通过激光过程(laser process)进行放大:在受激发射(stimulated emission)的物理过程中。然而,激光光源需要一种特殊的结构,以便使受激发射转化为激光辐射。

在此期间,发展了多种多样的激光器种类,尺寸、输出功率和发射频率差异很大。最小的激光器——半导体激光器(semiconductor lasers)——具有亚毫米量级尺寸,其典型的输出功率为几毫瓦。工业用的高功率激光器(high-power laser),连续输出功率可高达 40 kW,覆盖范围可达到几米。用于聚变研究的激光的覆盖范围可达 100 m,提供具有极高能量的超短激光脉冲,在极短的时间内,输出功率可达到 1 TW[①]。

2.1.1 受激辐射

所有激光器的共同点是激光产生的原理,即基于受激发射的辐射。爱因斯坦在 1917 年预言了受激发射的存在,作为已知的自发辐射(spontaneous emission)和吸收(absorption)过程的补充。这些过程描述了辐射和物质之间的相互作用。

物质由原子组成。在没有详细讨论原子结构的情况下,可以假设每个原子都可以在各种状态(states)中被找到,这可以通过原子的内能来区分。此外,基于量子力学的原子概念,只有具有分立能量的状态才是可能的。这些状态通常被指定为能级(energy levels),具有最低能量的能级称为基态(ground state)。

首先,光的特征在于其频率和强度。就像原子的情况一样,光也具有特定的能量值,并且,量子理论认为,对于具有给定频率的光场,只有分立能量是可能存在的。可能的能量之间总是以相同的基本能量单位来进行区分。这些基本能量单位也称为光量子(light quantum)或光子(photon)。光量子的能量与光的频率 ν 成正比,即

$$E_{\text{Photon}} = h\nu \tag{2.1}$$

式中:h 为普朗克常量。

另一方面,光的强度 I 由光量子的数量决定,即

$$I \sim n_{\text{Photon}} \tag{2.2}$$

式中:n_{Photon} 为光量子或光子的数量。

---

① 1 TW $= 10^{12}$ W。

这些原子与光的模型有助于理解相互作用的过程。从现象上最容易理解的是吸收过程。当光照射到障碍物时,光的强度会降低,或者更确切地说,光子的数量会减少:因为光子被原子吸收了。在这个过程中,被吸收的光子能量转移到原子,因此原子随后在更高的能级被发现(见图2.2)。这被认定为原子的激发(excitation)。

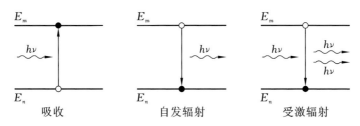

图 2.2   原子与光相互作用过程(processes)的示意图

由于原子只有特定的分立能级结构,所以光子的能量必须与原子两个能级之间的能量差相对应,这是该过程的假设。能量间隙与原子的能级能量关系为

$$h\nu = E_m - E_n \qquad (2.3)$$

式中:E_m 和 E_n 为原子的能级。

辐射是吸收的逆过程:受激原子从较高能级移动到较低能级并以光子的形式释放能量。

有两种不同的辐射形式。对于自发辐射,辐射过程发生在原子不受外界因素影响的情况下,这是自然界普遍存在的辐射过程。例如,热体通过释放热辐射的方式冷却,其原子从激发态返回到基态。

对于受激辐射,辐射过程是由特定频率光子的激励引发的。因此,在这种情况下光子不会被吸收,而是导致原子辐射一个额外的光子。决定激光器发射性能的是第二个辐射的光子与激励光子具有相同的频率、相位及辐射方向。这意味着入射光波通过该过程被放大,因为增加了额外的完全相同的光子。

2.1.2   粒子数反转与放大

在由许多原子构成的介质中,吸收、自发辐射、受激辐射这三个相互作用过程同时发生。为获得光源的整体放大,受激辐射必须成为其中的主导过程。

在热平衡中,大多数原子都处于基态。这是由于在无外界激发光源的情况下,自发辐射使得原子由激发态即高能级跃迁至低能级[②]。玻尔兹曼方程适用于描述不同能级的粒子数目分布(见图 2.3)。当 $E_n > E_0$ 时,有

$$N_n = N_0 \exp\left(-\frac{E_n - E_0}{k_B T}\right), \quad \sum_{n=0}^{\infty} N_n = N_{\text{Total}} \tag{2.4}$$

式中:E_n、N_n 分别为第 n 个能级的能量及该能级上的粒子数;$k_B = 1.381 \times 10^{-23}$ J/K,为玻尔兹曼常数;T 为绝对温度;N_{Total} 为观察到的原子总数。

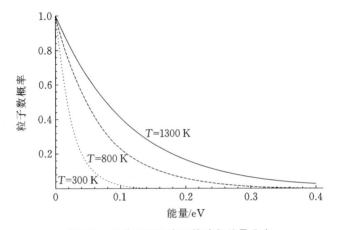

图 2.3　三种不同温度下的玻尔兹曼分布

图 2.3 中能量以电子伏的形式表示,1 eV $= 1.6 \times 10^{-19}$ J。

由于能级上的粒子数量是自发辐射过程发生的先决条件,每个自发辐射过程的发射率与初始能级的粒子数量成一定比例。这意味着吸收过程不断超过热平衡中的受激发射,因为更多的原子位于能量较低的水平。这与日常现象一致,即当光穿过物体时,其能量被削弱。

因此,受激辐射过程超过激光介质(laser medium)中的吸收过程,使得激光上能级[③]原子数量大于下能级原子数量,从而实现所谓的粒子数反转(见图 2.4)。如果达到粒子数反转(population inversion),那么受激辐射过程将超过吸收过程,从而导致光波的放大,且放大程度与粒子数反转成一定比例。粒子数反转则是由外部的激发过程产生的,这就是所谓的泵浦机制(pump mechanism)。

自发辐射为受激辐射提供了一个竞争过程(competing process):由于自发辐射的光量子在介质中各向同性地以任意传播方向和相位存在,使得自发

---

② 除了自发辐射,还有一些进一步的弛豫过程(relaxation processes),但是这里不讨论这个问题。

③ 激光能级是指激光辐射所需的跃迁能级。

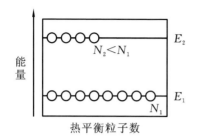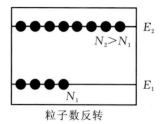

能量

$N_2 < N_1$ E_2

E_1 N_1

热平衡粒子数

$N_2 > N_1$ E_2

E_1 N_1

粒子数反转

图 2.4 对于热平衡状态的粒子数分布，粒子数量随着能量的增加而不断下降。但是通过反转，可以使高能级的粒子数量大于低能级

辐射的光量子对放大过程没有任何贡献④。由此可见，自发辐射在不产生放大的情况下反而降低了粒子数反转，所以它代表了一种损耗机制(loss channel)。

自发辐射的跃迁概率不依赖于光量子的存在数量。该概率仅反映原子在激光上能级的寿命(lifetime)⑤；介质中的原子在激光上能级存在的时间越长，跃迁概率就会越低。相反，受激辐射的概率与光量子的数量成比例增加，因为相应的光量子的初始存在激励了受激辐射过程。在超过特定的阈值强度(threshold intensity)之后，受激辐射将会超过自发辐射，这就满足了放大的先决条件。

在激光介质中，光强在沿光传播方向是增加的，这符合指数增长公式。强度的增加与受激辐射的跃迁速率成正比，而跃迁速率又与强度本身成正比，即

$$\frac{\mathrm{d}}{\mathrm{d}z}I = (g - \alpha) \cdot I \Rightarrow I(z) = I(0) \cdot \mathrm{e}^{(g-\alpha)z} \tag{2.5}$$

式中：$I(z)$为光在激光介质中传输距离为 z 时的强度；g^* 为放大系数；α 为吸收系数。

由于损耗随着吸收和自发辐射不断地增加，因此比例常数由放大系数(amplification coefficient)和吸收系数(absorption coefficient)组成。

2.2 激光介质

可用于光学放大的物质被指定为激光介质(laser medium)(见图 2.5)。激

④ 各向同性：均匀分布。
⑤ 能级的寿命是指某能级未受影响的原子在跃迁到低能级之前，在该能级存在的时间。
＊ 原版英文书中为大写，应是笔误。

光介质可以是所有聚合状态的物质:固体、液体、气体和等离子体。通常使用激光介质来命名激光器,如在 CO_2 激光器中,使用二氧化碳气体作为激光介质;在红宝石激光器中,使用红宝石晶体作为激光介质;在氦氖激光器中,使用氦气和氖气的混合气体作为激光介质。

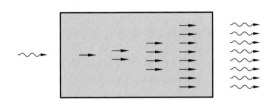

图 2.5　激光介质对辐射的放大过程

　　一种物质能否以简单的方式获得最大量的粒子数反转,是这种物质是否可以作为激光介质的决定性标准。为此,必须满足两个先决条件:粒子在激光上能级具有较长寿命及一种合适且充分有效的泵浦机制。

　　对于连续激光运转,泵浦机制必须在激光器运转期间始终保持粒子数反转。为此,两个辐射过程的粒子数反转退化必须保持平衡。激光上能级的寿命越长,发射速率越低,因此较低的泵浦功率便足以保证激光器运转。

　　由激光介质的能级结构,可以确定其可发射的激光频率。通常,只有很少的分立频率能够获得激光介质的放大。因此,需要大量不同的激光介质来为诸多应用提供适当频率的激光辐射。

　　激光器的输出功率和时间特性由激光介质及其泵浦过程确定。由于后者提供了转换成激光辐射的能量,因此平均激光功率不能大于泵浦功率。对于几种气体和固体激光器,平均输出功率通常仅相当于泵浦功率的百分之几;半导体激光器的转化效率可以提高到 60% 以上。但是泵浦功率并不一定连续地转换成激光辐射。在脉冲激光器(pulsed lasers)中,泵浦功率的累积和释放过程是分开的,但能发射出明显增强的激光脉冲。

2.2.1　激光泵浦过程

泵浦过程使激光介质形成粒子数反转(见图 2.6)。为此,必须对激光介质进行激发,也就是说必须向其提供能量。为达到此目的,可使用以下机制:

　　(1) 气体激光介质的气体放电;

　　(2) 用闪光灯进行光学激发,或用泵浦激光(pump laser)激发固体激光器;

　　(3) 电流泵浦的半导体激光器。

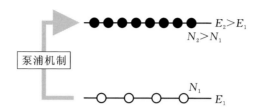

图 2.6   泵浦机制用于产生粒子数反转。为此，来自较低能级的原子被激发到较高的能级

通过泵浦，原子从基态能级被激发到激光上能级。然而，通常这种激发不在激光上、下能级间发生直接跃迁，还需要借助其他间接的能级。

一个四能级系统（four-level system）结构示意图如图 2.7 所示。通过泵浦过程，原子由基态能级被激发到一个较高能级，该能级粒子数被逐渐填满。在理想状态下，这个较高能级的粒子寿命非常短，原子快速跃迁至下面的较低能级，即激光上能级。然后通过受激辐射跃迁至激光下能级，激光下能级的寿命也非常短，最终使得原子快速返回至其基态能级。

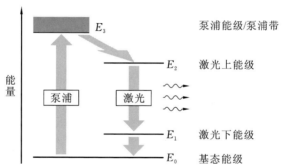

图 2.7   四能级系统结构示意图。E_1 和 E_3 能级具有较短的粒子数寿命，使得在激光上、下两能级间容易实现粒子数反转。也就是说，泵浦过程发生在满能级到空能级之间

一方面，这导致了激光 E_1 和 E_2 能级之间很容易形成粒子数反转，因为激光上能级很快被填充并且下能级很快被排空。另一方面，基态能级很快被重新填满，使得泵浦过程可以持续有效地进行。但是泵浦能级 E_3 由于较短的寿命，始终保持几乎为空的状态。

一般而言，四能级系统无论如何都不可能在一个单独的原子中实现。通常，泵浦过程和激光跃迁是在不同的原子间发生的⑥，而从一个原子到另一个原子的能量转移是通过原子本身的碰撞发生的。

---

⑥　例如，氦氖激光器：泵浦过程利用氦原子，激光跃迁过程利用氖原子。

一些激光器以三能级系统（three-level system）方式运转，此时的激光下能级与基态能级相同（见图 2.8）。三能级系统的缺点是通常需要更高的泵浦功率才能达到粒子数反转；与四能级系统不同的是，三能级系统可以由一个单原子实现，这是三能级系统的优点。

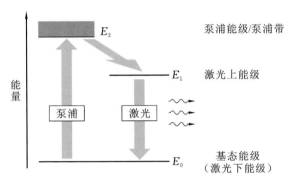

图 2.8　三能级系统结构示意图。基态能级和激光下能级为同一能级

泵浦过程的细节和能级之间的跃迁过程在很大程度上取决于所使用的激光介质。能级可以是原子或分子的分立能级，也可以是固体的能带。能级之间的跃迁有各种不同的方式，如光照、原子之间的碰撞、分子或固体的振动和化学反应。

2.2.2　冷却

为了实现激光介质内光信号放大的最大化，粒子数反转必须尽可能地大。一方面，它可以通过增加泵浦功率来扩大。这将使激光上能级有更多的粒子数。如果激光下能级与基态能级不相同，则第二种可能的方式是通过降低温度来减少激光下能级的粒子数。因此，热平衡中高能级拥有更高的粒子数分布概率（见图 2.3），因此能够实现较大的粒子数反转。

激光的冷却对放大过程本身非常重要。因此，在开发激光器系统时，需要重点关注如何有效地对激光介质进行散热。在一些气体激光器系统中，气体分子在谐振腔内被泵浦到接近声速，并且在返回之前，便在高性能冷却装置中被冷却。半导体激光器，则使用具有微结构的水冷散热器将热量带走。

2.3　反馈和自激

至此，激光介质和泵浦过程引入了一个光放大器，它通过受激发射放大输入信号（见图 2.9）。为将光放大器（light amplifier）转变成激光光源（light source)，系统必须与输入信号无关。此外，激光器应该利用激光介质使放大效率最大化。为了获得这两点，必须使用反馈原理(feedback principle)。

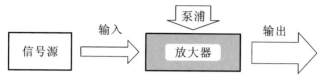

图 2.9　简化的放大过程

反馈耦合原理是一个通用的物理原理，由 Meißner 于 1913 年发现。它用于稳定特定频率振荡的放大。任何输入信号都被耦合进放大器中。反馈(feedback)是指放大信号的一部分再次抵达放大器输入端并被重新放大(见图 2.10)，其余部分可作为输出信号耦合输出(见图 2.9)。

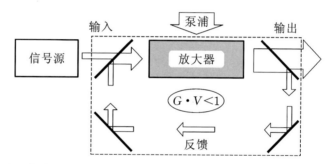

图 2.10　具有反馈的放大过程。放大信号的一部分被反馈到输入端。该系统用作放大器

带反馈的放大器代表一个由输入信号激发的自振荡系统(self-oscillating system，振荡器)。通过反馈延迟的变化，系统可以调谐到特定的振荡频率。反馈信号的相位由输入端的时间延迟提供。当满足相位条件(phase condition)时，等相位(equal phase)反馈(正反馈，positive feedback)，振荡器处于共振(resonance)状态，即

$$\Delta T_{\text{feedback}} = n \cdot \frac{2\pi}{\omega} \Rightarrow \omega = n \cdot \frac{2\pi}{\Delta T_{\text{feedback}}}, \quad n = 0, 1, 2, \cdots \quad (2.6)$$

式中：$\Delta T_{\text{feedback}}$ 为反馈的延迟；ω 为振荡器的共振频率。

具有该共振频率的输入信号通过反馈经历了再次放大，而非共振频率由于与反馈信号相位的差异并没有得到太多的放大。对于 π 的相位差，反馈信号可以完全抵消输入信号，使结果弱化而不是放大，这种情况称为反相位(inversely phased)耦合(负反馈，inverse feedback)。通过这种方式，可以用于

抑制来自放大器的噪声影响，以提高放大器的稳定性能。

由于信号的反馈部分较小，带反馈的放大器就表现为阻尼振荡器。如果输入信号关闭，放大的反馈信号不足以平衡耦合输出的损耗⑦，那么系统中的信号功率将会衰减。但是，如果信号的反馈部分连续增加，将会达到自激阈值（threshold to self-excitation），通过反馈信号的放大则完全补偿了耦合输出的损耗。这可以由下面的方程来描述，即

$$G \cdot V = 1 \tag{2.7}$$

式中：G 为放大系数（增益）；V 为反馈循环中的损耗系数。

在输入信号关闭以后系统中循环的功率仍保持恒定，并且输出信号变得与输入信号无关，该过程称为自激（self-excitation）。具有自激功能的反馈放大器不再是阻尼振荡器。

当高于自激阈值时，共振信号频率的强度会增加，直至达到放大器的饱和极限。因此，在该区域内不是线性放大的：小信号振幅会经历一个比大信号振幅更大的放大过程，从而产生振幅稳定的输出信号（amplitude-stabilized output signal）。

激光器是自激振荡器，所以激光器在开始运转时，必须达到自激阈值（见式（2.7））；对于一台激光器，该阈值也称为激光阈值（laser threshold）。此时不再需要耦合进来的输入信号去触发自激（见图 2.11）。放大和反馈则是由激光放大介质中的自发辐射的扰动引起的。这种自发辐射的信号被反馈并通过受激辐射放大。当超过激光阈值时，受激辐射成为主导过程——激光起始于噪声振荡（见图 2.12）。

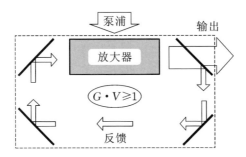

图 2.11 激光的反馈和自激。此时不再需要输入信号，由信号放大器转变为信号源

---

⑦ 对于一个反馈周期，由于耦合输出会降低系统循环功率，所以输出也可以看成是一种损耗。

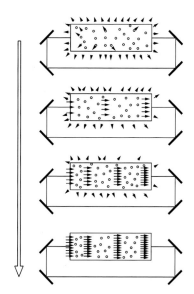

图 2.12　激光振荡的建立。由于谐振腔提供的正反馈,受激辐射逐渐抑制自发辐射

2.4　激光谐振腔

激光谐振腔(laser resonator)是提供反馈的激光器件,在最简单的情况下,它由两个镜片组成。在谐振腔内部,两反射镜之间,是激光介质(见图 2.13)。两个反射镜中至少有一个对信号是部分透明的,使得一部分放大信号可作为激光辐射(laser radiation)被耦合输出。

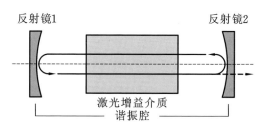

图 2.13　带有嵌入式激光介质的激光谐振腔示意图。辐射在两个反射镜之间来回传播,
其中一部分通过反射镜 2 耦合输出

反馈的相位条件导致了只有特定频率的光波,即所谓的本征模式(eigenmodes)或谐振腔模式(resonator modes)[8]可以在谐振腔中存在。本征

---

⑧　"模式"为"传播模式"的缩写。

(eigen)模式表征了谐振腔中电磁场振荡的谐振模式。所以,谐振腔决定了可能的激光振荡频率。激光介质只放大那些与激光跃迁频率靠近的本征频率。最终激光输出频率是谐振腔的本征频率,且在该频率处存在最大放大率。也就是说,本征频率最接近激光跃迁频率。

在许多情况下,谐振腔内的几个本征模式被放大到相互可比拟的程度,以致激光器按许多分立的频率发射。通常本征模式的频率间隔非常小,所以激光辐射的频率带宽仍然非常小。而且,在通常情况下,不仅本征模式的频率不同,而且在谐振腔内的横向强度分布也不同。因此,在构造谐振腔时,一个重要关注点是仅对一个单独的本征模式放大,这样激光器的发射将是单色的[⑨],而且限于极窄的空间区域。

谐振腔最重要的特性在于它的锐度(sharpness)。谐振锐度表示共振行为的独特性。谐振腔损耗较低时具有较高的谐振锐度,因此系统衰减较低,这将使得在谐振情况下的放大急剧增加(见图 2.14)。辐射的频率谱线在本质上反映了谐振曲线的形状。因此,谐振越强烈,辐射的频谱越窄,也越接近于理想的单色波,进而发射光的相干性(coherence)也会增强。实际上,高度的相干性是激光最重要的特征之一。相干性及其意义将在 2.5 节中讨论。

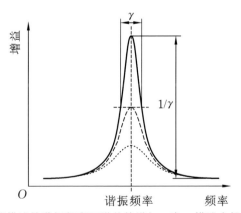

图 2.14　谐振曲线描述的谐振频率下增益的增加。当 γ 描述由损耗引入的衰减时,最大增益与 $1/\gamma$ 成正比

⑨　单色:单一颜色,此处表示仅出现一个激光频率。

2.5　激光辐射

2.5.1　激光特性

激光独特的科学技术意义在于激光辐射的特性。与传统热辐射光源相比,激光最重要的特征如下。

(1)激光辐射可以实现非常高的能量强度。强度用来衡量特定区域内激光辐射的能量的大小。对于许多过程,强度是激光辐射的基本参数之一。

(2)激光辐射有良好的方向性。这是由于可以通过谐振腔实现严格的方向选择。激光近乎是一束平行光,其展宽几乎完全由谐振腔出射窗口的衍射决定[10]。定向激光光束可以聚焦成直径非常小的斑点。对于那些用激光操作的空间分辨测量,这是很重要的,许多材料处理过程同样如此。特别是对后者而言,短时间内在小区域内积累大量的能量是极其重要的,这可以减小对加工区域外围的不良影响。

(3)激光辐射近乎是单色的。尤其重要的是,激光器不仅可以实现高强度还可以实现窄的频率带宽。可以通过光谱滤波器压窄频率宽度,但需要以强度为代价。高强度单色性是非常重要的,如光谱学研究。

激光辐射的高度单色性等同于激光辐射的高度相干性(high coherency of the laser radiation)。相干性[11]是连续波列长度的一种度量,即所谓相干长度。它在物理概念上意味着,在这一长度内电场振荡没有相位跳变和明显的幅度起伏。传统灯辐射波列的相干长度只有几微米,但激光的相干长度可达数千公里。辐射自身的相干性表现为干涉现象(interference phenomena)。作为一个典型的例子,激光辐射的相干性可用于高精度测距或测速。

(1)激光辐射展示窄宽度的强度统计。激光辐射由自激振荡产生。因为幅度的起伏可以通过强非线性放大和反馈来补偿,所以这种振荡器不断发出幅度稳定的信号,这使得激光光束的强度在一个高的平均值(泊松分布,Poission distribution)附近仅有非常小的波动。相反,热辐射的强度分布范围比较大,且其最大值始终接近于零(玻色-爱因斯坦分布,Bose-Einstien distribution)。因此,在

---

[10]　输出窗口的衍射决定了可以输出的最小光束束腰半径,也就是所谓的"衍射极限"(diffraction limit)。现代的激光器即便在高功率运转下也可以实现接近衍射极限输出(仅比极限值高几个百分点)。

[11]　这里的相干性是指长度或时间相干性。

相同峰值强度下的热光源的平均强度远小于激光辐射。所以,热辐射的强度统计与激光辐射的强度统计不可能一致。

（2）激光辐射可以超短脉冲形式输出。到目前为止,达到的最短脉冲宽度约为 3 fs;这样的光脉冲仅包含几个光振荡周期。此类短脉冲的产生,便利用了激光辐射的高度相干性。超短脉冲激光可用于等离子体或固体特性的时间分辨研究。

这些特征产生的原因将在以下章节中进行深入讨论。激光的其他应用举例将在 2.6 节中介绍。

2.5.2　激光模式

上面已经介绍了激光谐振腔的振荡模式,每个模式都对应特定的激光频率。在这种情况下,人们将其称为纵模（longitudinal modes）,因为模式的特性由谐振腔的纵向场分布来决定。

电场必须满足垂直于传播方向上的特定边界条件,因此横向场分布也会产生不同的本征解,相应地称为横模（transverse modes）。严格来说,大多数横模和纵模并不是彼此独立的。

谐振腔的横模是非常重要的,原因有二:首先,在谐振腔内部有场分布是极其有益的,它可以最佳地覆盖激光介质,从而有效地将泵浦功率转换成激光辐射;其次,横模还决定了耦合输出反射镜上的强度分布,从而决定了光束在谐振腔外侧横截面上的强度分布。由激光光束横截面的横向谐振腔模式所决定的强度分布称为激光模式（laser mode）。

激光模式的基本类型是厄米-高斯模式（Hermite-Gaussian modes）和拉盖尔-高斯模式（Laguerre-Gaussian modes）。图 2.15 表示两种类型的激光模式的强度分布。厄米-高斯模式对应笛卡儿坐标,而拉盖尔-高斯模式则对应柱坐标。在这两种情况下,最低阶的模式称为高斯基模（Gaussian fundamental mode）。两种高斯模式系统的共性在于:它们都是球面镜谐振腔的横向本征模式,都是在实际应用中经常用到的谐振腔结构。

2.5.3　相干性

宏观系统的辐射是由一系列大量单个原子的连续辐射过程产生的。最初,整个原子辐射导致了辐射场从辐射源发出。因此,这种叠加产生的辐射场特性明显取决于各个原子发射过程之间是否存在某些关系。

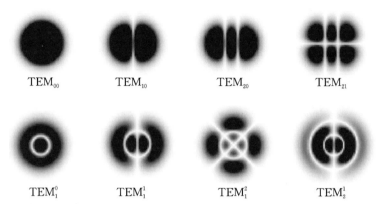

图 2.15　几种激光模式的强度分布。上面一行为厄米-高斯模式,下面一行为拉盖尔-高斯模
　　　　 式。TEM 代表横向电磁场模式。指数表示模式的阶数,相当于 x/y 方向特征根的
　　　　 个数,或径向/方位角方向

在热光源(如白炽灯和气体放电灯)的情况下,自发辐射是发光的主要过程。每个单独的辐射都是自发发生的,这也意味着与后续的辐射并不相关。这种不相关性可以在空间和时间意义上解释。单个原子的辐射既不受相邻原子的行为影响,也不受时间上先前事件的影响。

辐射过程的"自发性"可转移到辐射的释放。由于各个辐射过程并不相关,所以每个释放的光子也不具有任何相关性。由此得出的结论是,由辐射场在特定时间和空间上的完整信息,并不能推算另一时间或空间上辐射场的特性。此种辐射称为时间和空间上的非相干光,因此只能使用统计平均值来描述此类辐射场。

与热辐射光源相比,激光几乎完全由受激发射产生:辐射会进一步引发完全一致的辐射过程。由于每个辐射过程与其他辐射过程均具有强烈的时间和空间相关性,因此辐射的光子也是高度相关的。在这种情况下可以得到一个结论:根据辐射场在某一时间和空间上的特性,就可以准确地描述辐射场在另一个时间或空间上的特性,即激光辐射在空间和时间上具有相干性。

干涉实验(interference experiments)可以对不同时间或不同空间扩展光源的辐射情况进行比较。通过这些实验,可以测量激光辐射在空间和时间上的相干性:在相干辐射的情况下,可以得到良好的干涉(interference)图样,而非相干辐射强度具有统计分布特性。相干性具有连续性:激光辐射可以在较小或较大范围内都具有相干性,且时间相干性和空间相干性可以单独产生。

2.6 激光技术的应用领域

激光辐射的特殊性使得其在诸多科学、技术和工业的应用成为可能。例如,图 2.16 显示了各种技术领域的应用,其中所列出的多数技术已经实现了商业化应用。如果所有这些分区代表了目前处于研究和开发的阶段,那么将会得到一个更加全面的图表。

在图 2.16 的下半部分,通信的应用占主导地位,这代表了激光当前最广泛的应用领域。作为未来最大的市场细分领域,光学计算机系统和光学数据处理目前正处于研究阶段或仅仅刚引入市场。但光纤光缆是一个例外,它已经在长距离通话和数据网络中应用多年。

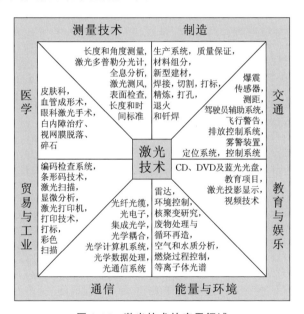

图 2.16 激光技术的应用领域

对于通信和信息技术或自动化办公领域的许多应用,激光在质量和性价比方面建立了新的衡量标准。众所周知的例子是音响光碟 CD 的音质与传统的密纹唱片的对比,以及目前在大多数办公室使用的激光打印机的精度和速度。

在医学领域,激光已经被应用于诊断和治疗。在这两方面,已经证明激光发挥了作用,并且作为标准设备应用于几个领域中,如眼科。在必要的情况下,医生可以遵循既定程序,通过观察凝血、碳化、汽化和消融导致的组织变化,在宏观上观察激光的作用效果。

新的治疗方法越来越多地跨越链式反应的过程,如肿瘤学中的光动力学疗法,在眼内显微外科中使用微等离子体技术等。对于这些应用,典型的情况是,医生在没有帮助的情况下既无法看到也无法接近这一影响过程。因此,考虑到高风险的可能性,需要补充一个目标控制程序。为获得最佳的疗效,只有通过自动控制方法,医生才能消除无意中损害健康环境的风险,因为部分不可见的过程是快速发生的。

　　激光技术已经为科学和经济引入了新的基准。在原子和分子物理学中,激光已经发展成为一种重要的手段,使测量达到前所未有的精度。如果没有激光,卫星大地测量和通过远程测量污染物的环境控制的状况,是不可想象的。使用激光精确而廉价地测量长度、坐标、角度和速度已成为工业测量技术的重要组成部分。

　　现代制造业不再需要进行随机检查,更重要的是基于对测量程序速度的高要求,彻底检查每个部件。对于可以集成到制造过程中的高处理速度的在线测量程序,激光技术提供了极好的先决条件,特别是在预防性质量保证方面。激光辅助坐标测量技术作为一种无接触测量过程,适用于 CIM、CAQ 概念中的规范制造过程和质量控制。

　　激光加工最主要的特点可概括为以下几点:

　　(1) 无接触和无磨损加工和测量的通用工具;

　　(2) 可以加工所有的材料;

　　(3) 加工速度快;

　　(4) 通过选择合适的激光参数来确定加工方案,加工中不需要更换激光器;

　　(5) 灵活性高;

　　(6) 预防性质量保证方法的最佳配置。

　　开发激光多种可能的应用,需要具备关于激光与材料相互作用的深入和基本的知识。已经开发了几种使用激光处理材料的方法,可以使用户根据激光制造商的规格,将相应的激光器准确地应用于合适的应用领域,并取得一定的经济效益。在这些情况下,加工过程及其物理极限已转化为技术标准。目前,这仅限于标准应用,如薄钢板的切割和焊接,以及铸铁的相变硬化和重熔。在整个材料范围内,仍然需要对加工过程进行研究或者优化,以提高加工质量及效率。在每种情况下都必须考虑导热性、熔池动力学、等离子体形成及激光与这些过程的相互作用。

第3章
电磁辐射

电磁辐射理论是激光技术的基础,本章将简要介绍与激光技术相关的电磁理论。更为详细的描述可参考相应的专题文献。

3.1　电磁辐射谱

对技术或科学应用而言,有价值的电磁辐射谱范围可以从低频域的交流电流($\nu = 50$ Hz)到高频域的宇宙伽马射线($\nu = 10^{22}$ Hz),覆盖了 20 多个数量级,而人眼仅能感知其中一个非常小的范围($\lambda = 0.4 \sim 0.75$ μm)。

如图 3.1 所示,电磁谱通常采用如下三个量来进行分类:

(1) 波长 λ,SI 单位是 m(米);

(2) 频率 ν,SI 单位是 Hz(赫兹)或 s^{-1};

(3) 能量 E,SI 单位是 J(焦耳),能量也常采用单位 eV(电子伏)。[①] 在本书中,术语能量(energy)是指电磁辐射基本量子的能量,即光子

$$E = h\nu$$

式中:h 是普朗克常数。

---

① 1 eV 是指一个电子通过 1 V 电势差所获得的能量;1 eV $= 1.6 \times 10^{-19}$ J,其中基本电荷 $e = 1.6 \times 10^{-19}$ C。

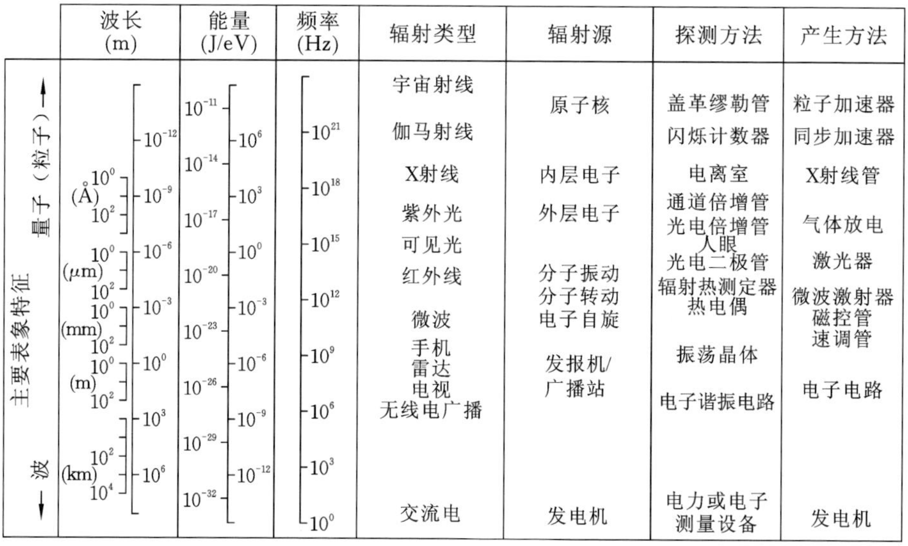

波长 (m)	能量 (J/eV)	频率 (Hz)	辐射类型	辐射源	探测方法	产生方法
10⁻¹¹ 10⁻¹² 10⁶	10²¹	宇宙射线 伽马射线	原子核	盖革缪勒管 闪烁计数器	粒子加速器 同步加速器
10⁰ (Å) 10⁻⁹ 10² 10⁻¹⁴ 10³	10¹⁸	X射线	内层电子	电离室	X射线管
10⁰ (μm) 10⁻⁶ 10⁻¹⁷ 10⁰	10¹⁵	紫外光 可见光 红外线	外层电子	通道倍增管 光电倍增管 人眼 光电二极管 辐射热测定器 热电偶	气体放电 激光器
10⁻³ (mm) 10⁻³ 10⁻²⁰	10¹²		分子振动 分子转动 电子自旋		微波激射器 磁控管 速调管
10⁰ (m) 10⁰ 10⁻²³ 10³	10⁹	微波 手机 雷达 电视		振荡晶体	电子电路
10² 10³ 10⁻²⁶ 10⁶	10⁶	无线电广播	发报机/广播站	电子谐振电路
10⁰ (km) 10⁻²⁹ 10⁴ 10⁻³²	10³				
	10⁰	交流电	发电机	电力或电子测量设备	发电机

左侧纵向标注：量子（粒子）↑　主要表象特征　波↓

图 3.1　电子辐射谱及其辐射源、探测方法和产生技术等方面的典型例子

此外，波数 k（单位为 m^{-1}）常被用于光谱学。波数正比于波长的倒数，即

$$k = \frac{1}{\lambda}$$

最初，由于实用的原因，各种度量方法是同时存在的。实验上多采用波数，而理论上多采用频率或者能量。由于有

$$\lambda\nu = \frac{c_0}{n} \tag{3.1}$$

式中：c_0 为真空中的光速；n 为介质的折射率。原则上该转化是简单的。然而，在相当长的一段时间内，对光速 c_0 的测量无法达到所需的精度。今天而言，这些不同度量方法的存在更多价值在于其历史意义，因为 c_0 已经可以被精确测量，从而使得该转化变得简单。

对于激光辐射来说，原则上并没有确定的波长范围。至今，所用到的激光波长范围为 $0.1 \sim 700\ \mu\mathrm{m}$，在该范围内已知的不同激光波长已达几千个。随着激光技术的不断发展，可以预见该数目仍将增加，范围也将不断扩展到更短波长。其中，X 射线激光器已是当今激光技术中重要的研究领域之一。

在长波区域，激光辐射谱已达到了微波激射器的辐射谱范围边缘。原则上，激光器代表了微波激射器在原理上可以向更短的波长转移，正如可以把微波激射器看作是一种高频率的反馈振荡器。该反馈振荡器可以覆盖至赫兹区域的整个频率范围。

对各种应用方面来说,激光器往短波 X 射线区域发展具有重要的意义。比如,微电子领域所用的结构已经小到不再能够利用可见光进行成像了,因为其波长太长了,而 X 射线激光器则能够提供一种解决方案。基于 X 射线波的特征,其更为重要的应用在材料测试方面,这是因为 X 射线能够穿透大部分材料并由此对物体内部进行成像。这里,X 射线激光器再次成为一种重要的新型工具。然而,X 射线区域激光器的构建却遭遇到了一个问题,即产生粒子数反转所需的泵浦强度正比于 ν^3。因此,在短波长 X 射线区域,就需要极高的泵浦输出。

通常激光波长范围的电磁辐射是由原子外壳层的电子跃迁或者分子的振动和转动产生的。短波长辐射则源于原子内壳层的电子跃迁。此外,高速运动的电子的连续辐射也可以被用于产生激光辐射。该原理已经被应用于自由电子激光器(free-electron lasers)。

激光辐射功率的测量可基于两个不同的原理:测量由辐射所导致的体系加热(热电偶,thermoelement)或者到达探头的光子数(光电二极管,photodiode;光电倍增管,photomultiplier)。

3.2 波动方程

3.2.1 麦克斯韦方程组

麦克斯韦方程组(Maxwell equations)是描述经典电磁现象的基础。特别是该方程组确立了电磁波在真空中的存在性。该方程组于 1873 年由麦克斯韦建立,目前仍是物理学的基本方程。根据问题表达的不同,麦克斯韦方程组可以用微分或积分形式进行表示。就理论描述而言,场的微分形式一般更为合适,即

$$\begin{cases} \vec{\nabla} \cdot \vec{D} = \rho & \text{电场高斯定律} \\ \vec{\nabla} \cdot \vec{B} = 0 & \text{磁场高斯定律} \\ \vec{\nabla} \times \vec{E} = -\dfrac{\partial \vec{B}}{\partial t} & \text{法拉第电磁感应定律} \\ \vec{\nabla} \times \vec{H} = \vec{j} + \dfrac{\partial \vec{D}}{\partial t} & \text{安培-麦克斯韦定律} \end{cases} \quad (3.2)$$

式中：$\vec{E}$ 为电场强度；$\vec{H}$ 为磁场强度；$\vec{D}$ 为电位移；$\vec{B}$ 为磁感应强度或磁通量密度；ρ 为电荷密度（自由电荷）；$\vec{j}$ 为电流密度（自由电流）。这些场强之间通过物质方程（material equations）而联系起来，即

$$\vec{D}(\vec{E}) = \varepsilon_0 \vec{E} + \vec{P}(\vec{E}), \quad \vec{B}(\vec{H}) = \mu_0 [\vec{H} + \vec{M}(\vec{H})], \quad \vec{j} = \vec{j}(\vec{E}) \quad (3.3)$$

式中：$\varepsilon_0 = 8.86 \times 10^{-12}$ As/Vm，为自由空间介电常数；$\mu_0 = 1.26 \times 10^{-6}$ Vs/Am，为自由空间磁导率；$\vec{P}$ 为介质的极化强度；$\vec{M}$ 为介质的磁化强度。

极化强度 $\vec{P}$ 和磁化强度 $\vec{M}$ 通过介质而影响场强。一般来讲，它们对场强的影响可以是非线性的。极化强度和磁化强度也可以通过极化电荷密度 ρ_{pol} 和磁化电流密度 j_{mag} 来表达（见后面的式（3.7）和式（3.8））。通常情况下，可以用线性物质方程（linearized material equations）来代替式（3.3），即

$$\vec{D} = \varepsilon_0 \varepsilon \vec{E}, \quad \vec{B} = \mu_0 \mu \vec{H}, \quad \vec{j} = \sigma \vec{E} \quad (3.4)$$

式中：ε 为介电函数；μ 为磁化率；σ 为电导率。

电流密度和电场强度之间的线性关系由欧姆定律（Ohm's law）来描述。对于经典光学中的场强而言，线性近似一般是有效的。而激光会产生高强度的场强，以至于必须考虑非线性效应，这样更高阶项就需要加到线性项上。对于光学或电动力学中的问题，ε、μ 和 σ 是频率的函数。最初极化强度或磁化强度的方向并不需要与相应的场矢量平行；因此一般来讲，**ε**、**μ** 和 **σ** 是张量函数（tensorial functions）[②]。然而，许多情况下，如果介质是各向同性的，它们可以简化为标量。

3.2.2　一般波动方程

用麦克斯韦方程描述电磁辐射的传播时，其表达形式较为烦琐。为简化起见，麦克斯韦方程组中的后两个描述电场和磁场随时间演化的方程通常合并成波动方程，而由前两个方程给出相关的边界条件。

对式（3.2）中的第三个麦克斯韦方程应用旋度算符，可得出如下结果：

$$\vec{\nabla} \times (\vec{\nabla} \times \vec{E}) = -\frac{\partial}{\partial t} \vec{\nabla} \times \vec{B}$$

在公式左边，可利用关系

$$\vec{\nabla} \times \vec{\nabla} \times \vec{E} = \vec{\nabla} \cdot (\vec{\nabla} \cdot \vec{E}) - \Delta \vec{E}$$

---

② 这样，**ε** 和 **μ** 可写为 3×3 矩阵。

式中:$\Delta \vec{E} = \left(\dfrac{\partial^2}{\partial x^2} + \dfrac{\partial^2}{\partial y^2} + \dfrac{\partial^2}{\partial z^2} \right) \vec{E}$（笛卡儿坐标系中的拉普拉斯算符）。

在公式右边,根据式(3.3),将磁感应强度 $\vec{B}$ 由磁场强度 $\vec{H}$ 来代替,则有

$$\vec{\nabla} \cdot (\vec{\nabla} \cdot \vec{E}) - \Delta \vec{E} = -\mu_0 \frac{\partial}{\partial t}(\vec{\nabla} \times \vec{H} + \vec{\nabla} \times \vec{M}) \tag{3.5}$$

现在,可通过插入第四个麦克斯韦方程来消去磁场强度,即

$$\vec{\nabla} \cdot (\vec{\nabla} \cdot \vec{E}) - \Delta \vec{E} = -\mu_0 \frac{\partial \vec{j}}{\partial t} - \mu_0 \varepsilon_0 \frac{\partial^2 \vec{E}}{\partial t^2} - \mu_0 \frac{\partial^2 \vec{P}}{\partial t^2} - \mu_0 \frac{\partial}{\partial t} \vec{\nabla} \times \vec{M} \tag{3.6}$$

进而,基于式(3.3)中的场关系,可利用电磁强度来表达介电位移 $\vec{D}$,通过利用第一个麦克斯韦方程及极化电荷密度(polarization charge density)的定义,即

$$\rho_{pol} = -\vec{\nabla} \cdot \vec{P} \tag{3.7}$$

使得式(3.6)左边的第一项可重新写为

$$\vec{\nabla} \cdot (\vec{\nabla} \cdot \vec{E}) = \frac{1}{\varepsilon_0} \vec{\nabla} \cdot (\vec{\nabla} \cdot \vec{D} - \vec{\nabla} \cdot \vec{P}) = \frac{1}{\varepsilon_0} \vec{\nabla}(\rho + \rho_{pol})$$

这样,极化电流密度的定义方式就类似于第一个麦克斯韦方程组中自由电荷密度 ρ 与介电位移之间的关系。类似地,磁化电流(magnetization current)可定义为

$$\vec{j}_{mag} = \vec{\nabla} \times \vec{M} \tag{3.8}$$

因此,式(3.6)就转化为电场的一般波动方程(general wave equation),即

$$\Delta \vec{E} - \varepsilon_0 \mu_0 \frac{\partial^2 \vec{E}}{\partial t^2} = \mu_0 \frac{\partial}{\partial t}(\vec{j} + \vec{j}_{mag}) + \frac{1}{\varepsilon_0} \vec{\nabla}(\rho + \rho_{pol}) + \mu_0 \frac{\partial^2}{\partial t^2} \vec{P} \tag{3.9}$$

该一般波动方程是一个非齐次二阶偏微分方程。该方程利用电场矢量的空间和时间变化,来计算电磁波在任意空间和时间的传播。

只有在极少数情况下,才应用式(3.9)来解决问题。一般来说,方程右边的非齐次项可以通过适当的假设而被完全或部分消除。后面将给出以此方式推导波动方程时的一些最常见变化。

对于磁感应强度 $\vec{B}$,也可以推导一个等价的波动方程。不过利用电场的波动方程已经足够,磁场可以由麦克斯韦方程组进一步确定。

3.2.3　真空中的波动方程

真空中的波动方程代表了一般波动方程的最简单但也最为常用的特殊情形。在真空中,自由电荷和自由电流均不存在,即

$$\rho = 0, \quad \vec{j} = 0$$

此外，假设真空是不能够被极化[3]和磁化的，即

$$\vec{P} = 0 \Rightarrow \rho_{pol} = 0, \quad \vec{M} = 0 \Rightarrow \vec{j}_{mag} = 0$$

这样，式(3.9)右边的所有项就都消失了，真空中电场的波动方程(wave equation for the electric field in vacuum)就变成

$$\Delta \vec{E} - \frac{1}{c_0^2} \frac{\partial^2 \vec{E}}{\partial t^2} = 0, \quad mit \ c_0 = \frac{1}{\sqrt{\varepsilon_0 \mu_0}} \tag{3.10}$$

式中：c_0 为真空中的光速。

现在该方程就成为一个齐次的线性二阶偏微分方程。

历史上，在自由空间，波传播的发现几乎代表了一场革命，因为当时很多人认为波的传播总是束缚于某一种介质中。[4]

3.2.4 材料中的波动方程

光学系统中所用的材料，如大多数情况下所用的玻璃、塑料及各种晶体材料，通常是难以磁化或仅能弱磁化。通常也假设自由电荷是不存在的，因为这些均为非金属材料。因此，对于接下来的推导均假设

$$\vec{M} = 0 \Rightarrow \vec{j}_{mag} = 0 \quad 或 \quad \mu = 1 且 \rho = 0$$

是有效的。为联系电流密度和电场强度，假设欧姆定律是成立的(见式(3.4))。如果材料是均一和各向同性的，其电导率就为标量，即在空间和时间上均是常数。该假设只有在电场强度不太大的情况下成立，否则电场将破坏介质的各向同性。最后，由于材料的均一性，假设极化电荷密度也是不依赖于具体位置的，有

$$\vec{\nabla} \rho_{pol} = 0$$

在这些假设下，波动方程，即式(3.9)就变为

$$\Delta \vec{E} - \mu_0 \sigma \frac{\partial \vec{E}}{\partial t} - \frac{1}{c_0^2} \frac{\partial^2 \vec{E}}{\partial t^2} = \mu_0 \frac{\partial^2 \vec{P}}{\partial t^2} \tag{3.11}$$

这就是非齐次波动方程(inhomogeneous wave equation)。式(3.11)左边的第二项描述了波的传播损耗。该损耗是由于介质中的传导电流所引起的电场衰减。

式(3.11)右边的非齐次项描述了波在传播过程中介质极化的影响，如波

---

[3] 这仅在经典理论中有效，在量子电动力学中并不成立。

[4] 相当长的一段时间，人们只承认光的以太理论(ether theory)；以太代表光波的一种传播介质，并被认为是填充于整个宇宙的。

的阻尼，或者在合适极化介质中波的放大。式(3.11)通常作为描述激光介质中场的出发点。然而，对于极化的放大效应，只有在极化的表达式是由量子力学模型导出的情况下才是可能的。

进一步假设，对于较小的电场强度来说，极化是与场强呈线性关系的，这样极化强度就可以通过介电函数 ε 和电极化率 χ_e 来表达，即

$$\vec{P} = \varepsilon_0 \chi_e \vec{E} = \varepsilon_0 (1-\varepsilon) \vec{E} \tag{3.12}$$

式中：χ_e 为电极化率；ε 是标量，这是由于介质的各向同性和同质化。于是非齐次波动方程可进而由

$$\frac{1}{c_0^2}\frac{\partial^2 \vec{E}}{\partial t^2} - \mu_0 \frac{\partial^2 \vec{P}}{\partial t^2} = \frac{1}{c_0^2}\frac{\partial^2 \vec{E}}{\partial t^2} - \frac{1}{\varepsilon_0 c_0^2}\varepsilon_0(1-\varepsilon)\frac{\partial^2 \vec{E}}{\partial t^2} = \frac{\varepsilon}{c^2}\frac{\partial^2 \vec{E}}{\partial t^2}$$

简化为齐次波动方程(homogeneous wave equation)，即电报方程(telegraph equation)

$$\Delta \vec{E} - \mu_0 \sigma \frac{\partial \vec{E}}{\partial t} - \frac{1}{c^2}\frac{\partial^2 \vec{E}}{\partial t^2} = 0 \tag{3.13}$$

式中：$c = c_0/n$，为介质中的光速；$n = \sqrt{\varepsilon}$，为介质折射率(麦克斯韦关系)。

电报方程最重要的应用是描述波导或介质光纤中的电磁波。极化率与场强成正比的假设仅在场强及频率不太大的情况下是合理的。对于非常高的频率，如在光学频率范围，光波的电场和介质的极化通常表现并不同步，而对于较高的场强，极化率就变得依赖于场强的更高次幂。在这些情况下，非齐次方程就不能够简化为齐次方程。

对于非导体介质，$\sigma = 0$，式(3.13)中的阻尼项可以忽略，波动方程就可以采用真空中波传播的同一形式，即

$$\Delta \vec{E} - \frac{1}{c^2}\frac{\partial^2 \vec{E}}{\partial t^2} = 0 \tag{3.14}$$

该形式的波动方程表示一种无损耗的波动方程(loss-free wave equation)。该方程与真空中的波动方程的区别在于传播速度，其变化因子为 $1/n$。

通过如下的电场形式可以消去波动方程中的时间导数。

$$\vec{E} = \vec{E}_0 \sin(\omega t) \tag{3.15}$$

式中：ω 为波的角频率。

这样，就得到了与时间无关的波动方程，即亥姆霍兹方程(Helmholtz equation)

$$\Delta \vec{E}_0 + \frac{\omega^2}{c^2} \vec{E}_0 = 0 \tag{3.16}$$

特别地,亥姆霍兹方程可用于描述衍射现象或光学谐振腔中的静电场分布。

3.2.5 标量波动方程

通常处理辐射场问题时,重要的是场的振幅,而不是方向[⑤]。在这种情况下,采用标量波动方程来代替矢量波动方程可以降低问题的复杂性。

观察式(3.14),如果将场强分成两部分,一部分为位置和时间,另一部分为一个单位常矢量,则该矢量就可以从方程中提取出来,即

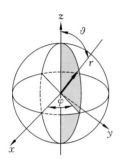

$$\vec{E} = E \cdot \vec{e} : \Delta (E \cdot \vec{e}) - \frac{1}{c^2} \frac{\partial^2 (E \cdot \vec{e})}{\partial t^2}$$

$$= \vec{e} \cdot \left(\Delta E - \frac{1}{c^2} \frac{\partial^2 E}{\partial t^2} \right) = 0 \Rightarrow \Delta E - \frac{1}{c^2} \frac{\partial^2 E}{\partial t^2} = 0 \tag{3.17}$$

这就成为笛卡儿坐标系中的标量波动方程(见图3.2)。

在许多情形下,波动方程可用其他坐标系来表示,尤其是球坐标系(spherical coordinates)。利用球坐标系中的拉普拉斯算符,标量波动方程可写为

图3.2 球坐标系

$$E(r, \vartheta, \varphi, t) : \frac{1}{r} \frac{\partial^2 (rE)}{\partial r^2} + \frac{1}{r^2 \sin^2 \vartheta} \left[\sin \vartheta \frac{\partial}{\partial \vartheta} \left(\sin \vartheta \frac{\partial E}{\partial \vartheta} \right) + \frac{\partial^2 E}{\partial \varphi^2} \right] - \frac{1}{c^2} \frac{\partial^2 E}{\partial t^2} = 0 \tag{3.18}$$

需要注意的是,当场强的矢量部分(矢量$\vec{e}$)在空间及时间上均是常数时,该假设仍然是成立的。然而,这意味着在球坐标系中$\vec{e}$的各个分量(e_r、e_ϑ及e_φ)均依赖于具体位置,这是因为球坐标系的各个基矢是位置相关的。该点的意义将在3.3.4节求解波动方程时具体讲解。

3.3 波动方程的基本解

波动方程有很多一般解,只有具体的初始和边界条件才能限制其解的数目。然而,一般解的基本特征可通过波动方程的基本解(elementary solutions)来讨

---

⑤ 波的极化(polarization)的概念将在3.3.3节引入。

论。由基本解的叠加(superposition)可以构成更为复杂的一般解。

3.3.1 复数场参数简介

当求解振动或波动问题时,通常利用复变函数(complex functions)描述场更方便,即

$$E = E_r + iE_i, \quad E^* = E_r - iE_i, \tag{3.19}$$

式中:$i = \sqrt{-1} \Leftrightarrow i^2 = -1$;$E$ 为复场强;E^* 为共轭复场强。

特别是,这里也可采用具有幅角的指数函数,即

$$e^{i\varphi} = \cos\varphi + i\sin\varphi, \quad |e^{i\varphi}| = 1 \tag{3.20}$$

采用这种表示方法的优点之一是使得该波动问题的复数解中同时包含了两个典型的实数独立解,即

$$E_+ \sim \cos, \quad E_- \sim \sin \tag{3.21}$$

然而,扩展到复振幅仅仅代表了一个数学方法。只有实振幅才有物理意义,物理上的实场强定义为复场强的实部[⑥],即

$$E = \frac{1}{2}(E + E^*) = E_r \tag{3.22}$$

式中:E 为实场强。

磁感应强度及其他场参数可通过类似方式来获得,即

$$B = B_r + iB_i, \quad B = \frac{1}{2}(B + B^*) = B_r, \cdots$$

实振幅可通过复振幅及其共轭振幅相加来获得,通常采用的符号为

$$E = \frac{1}{2}(E + E^*) = \frac{1}{2}(E + \text{c.c.}) \tag{3.23}$$

式中:c.c.为复共轭。特别是当 E 是一个复杂的表达式时,它代表了一个实用的简要记法。

因为麦克斯韦方程组在场参数的意义上是线性的,从实参数到复参数的转换或者反向转换是简单的,如法拉第感应定律

$$\vec{\nabla} \times \vec{E} = -\frac{\partial \vec{B}}{\partial t}, \quad \vec{\nabla} \times \vec{E}^* = -\frac{\partial \vec{B}^*}{\partial t} \Leftrightarrow \vec{\nabla} \times (\vec{E} + \vec{E}^*)$$

$$= -\frac{\partial(\vec{B} + \vec{B}^*)}{\partial t} \Leftrightarrow \vec{\nabla} \times \vec{E} = -\frac{\partial \vec{B}}{\partial t} \tag{3.24}$$

---

⑥ 反之,虚部也可被选为实场强。这两种可能性反映了式(3.21)的 2 个独立实数解。

复场的每个方程均可以取共轭,从而获得关于共轭复场的相应关系式。由于复场和共轭复场的线性特征,通过对它们的求和,可获得关于实数场的有效关系。这对由麦克斯韦方程导出的波动方程尤其适用。

3.3.2 平面波

根据所涉及问题的不同,应用中可将波动方程在不同的坐标系进行表达。最为重要的坐标系是笛卡儿坐标系、圆柱坐标系、球坐标系及椭球坐标系,其中笛卡儿坐标系和椭球坐标系存在极限情况。因为不同坐标系的解均是同一个方程的解的不同形式,因此它们之间总是能够相互转化的。

由于解的基本特性,式(3.14)的波动方程可先在笛卡儿坐标系中求解。假设下式满足该偏微分方程

$$\vec{E}_{\vec{k}} = \vec{E}_{0,\vec{k}} \, e^{i\vec{k} - i\omega t} \tag{3.25}$$

式中:$\vec{k}$ 为波矢,c 为传播介质中的光速。

当 k 和 ω 满足色散关系(dispersion relation)时,有

$$k^2 = \frac{\omega^2}{c^2}, \quad k = |\vec{k}| = \frac{2\pi}{\lambda} \tag{3.26}$$

式中:k 为波数;c 为传播介质中的光速。

式(3.25)中的解具有平面波(plane waves)的特征,这是因为具有相同位相的点处于一个波长距离之内。波矢是指向传播方向并成为相平面的法向矢量。该必要条件可由麦克斯韦方程组直接得出,这时电荷密度 ρ 不再出现,有

$$\nabla \cdot \vec{E} = \vec{k} \cdot \vec{E} = 0 \Rightarrow \vec{k} \perp \vec{E} \tag{3.27}$$

对于磁感应强度,其等价关系为

$$\nabla \cdot \vec{B} = \vec{k} \cdot \vec{B} = 0 \Rightarrow \vec{k} \perp \vec{B} \tag{3.28}$$

该类型的波称为横波(transversal waves)[⑦]。根据第三个麦克斯韦方程(法拉第感应定律),对于平面波,有如下关系

$$\vec{k} \times \vec{E} = \omega \vec{B} \Rightarrow \vec{E} \perp \vec{B}, \quad |\vec{E}| = \frac{\omega}{k} |\vec{B}| = c \cdot |\vec{B}| \tag{3.29}$$

式中:光速 c 是波的相速度,也就是相平面通过空间的运动速度,有

$$\vec{k}\,\vec{x} - \omega t = \text{const} \Rightarrow \vec{v}_{Ph} \equiv \frac{d\vec{x}}{dt} = \frac{\vec{k}}{k}\frac{\omega}{k} = \vec{e}_k \frac{\omega}{k}, \quad |\vec{v}_{Ph}| = \frac{\omega}{k} = c \tag{3.30}$$

---

⑦ 纯横波仅存在于无电荷的自由空间中。在有限表面上出现的电荷总是引起纵向分量。

由于波动方程的线性特征,其基本解的每一个叠加都是方程的解。因此波动方程的一般解可写为

$$\vec{E} = \sum_{\vec{k}} \vec{E}_{\vec{k}} = \sum_{\vec{k}} \vec{E}_{0,\vec{k}} \, \mathrm{e}^{\mathrm{i}\vec{k}\,\vec{x} - \mathrm{i}\omega t} \tag{3.31}$$

如图 3.3 所示。

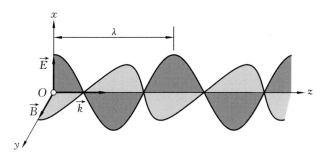

图 3.3　横平面电磁波。电场、磁场及传播方向均互相垂直

波动方程的任何解均可由对平面波的求和来表示[⑧],这就意味着平面波形成了基本解的完备系统。从物理意义上来说,每个平面波仅是一个理想化近似:因其振幅在同一相位的平面上保持常数,而平面波在 x、y、z 方向均无限延展。

3.3.3　电磁波的偏振

根据式(3.27)和式(3.28)可知,场矢量均垂直于传播方向。因此,这些矢量的方向并未确定。当指明波的偏振(polarization)时,这些场矢量才能够最终被定义。

如果坐标轴选为波沿 z 轴传播,电场就能够具有 x 轴和 y 轴的分量,即

$$\vec{k} = \begin{pmatrix} 0 \\ 0 \\ k \end{pmatrix} \Rightarrow \vec{E} = \begin{pmatrix} E_x \\ E_y \\ 0 \end{pmatrix} = \begin{pmatrix} E_{0,x} \\ E_{0,y}\,\mathrm{e}^{\mathrm{i}\delta} \\ 0 \end{pmatrix} \mathrm{e}^{\mathrm{i}kz - \mathrm{i}\omega t} \tag{3.32}$$

除了不同振幅,x 和 y 分量还具有一个相位差 δ 的差异。为定义偏振,通常将与传播方向正交的 E 场矢量分量合并成一个具有两个分量的归一化矢量——偏振矢量(polarization vector)或琼斯矢量(Jones vector)。

$$\vec{e} = \frac{1}{\sqrt{E_{0,x}^2 + E_{0,y}^2}} \begin{pmatrix} E_{0,x} \\ E_{0,y}\,\mathrm{e}^{\mathrm{i}\delta} \end{pmatrix}, \quad |\vec{e}| = 1 \tag{3.33}$$

---

⑧　这也就是所谓的傅里叶表示(Fourier representation)。

借助于偏振矢量,波的三个基本偏振形式就能够得以区分。

1. 线偏振

当相位差为

$$\delta = m\pi, \quad m = 0, \pm 1, \pm 2, \cdots \tag{3.34}$$

时,就形成了线偏振。

线偏振由振动方向上的电场矢量来表示。矢量和构成的平面称为偏振面 (polarization plane)。一般具有两个相互正交的偏振方向,可选择沿笛卡儿坐标轴

$$\vec{e}_x = \begin{pmatrix} 1 \\ 0 \end{pmatrix}, \quad \vec{e}_y = \begin{pmatrix} 0 \\ 1 \end{pmatrix} \tag{3.35}$$

通过叠加,所有其他偏振方向均可由这两个独立的偏振矢量来形成(见图 3.4)。

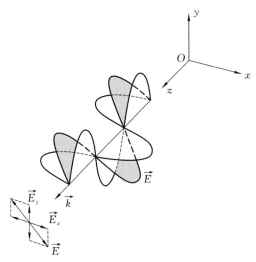

图 3.4 线偏振平面波。y 场矢量在一个平面上振动

2. 圆偏振

对于圆偏振,其相位差为

$$\delta = \frac{2m+1}{2}\pi, \quad m = 0, \pm 1, \pm 2, \cdots \tag{3.36}$$

并且 $E_{0,x} = E_{0,y}$,这样偏振矢量就变为

$$\vec{e}_{r,l} = \frac{1}{\sqrt{2}} \begin{pmatrix} 1 \\ \pm i \end{pmatrix} \tag{3.37}$$

在这种情形下,场矢量的方向不再是确定的了,即

$$\vec{e}_{r,l} \cdot e^{-i\omega t} = \frac{1}{\sqrt{2}}\begin{pmatrix} e^{-i\omega t} \\ \pm i \cdot e^{-i\omega t} \end{pmatrix} = \frac{1}{\sqrt{2}}\begin{bmatrix} \cos(\omega t) - i\sin(\omega t) \\ \pm \sin(\omega t) \pm i\cos(\omega t) \end{bmatrix} \tag{3.38}$$

如果加上波的时间相关性,根据偏振矢量第二个分量的符号,场矢量往左还是往右旋转就变得清晰了,而根据 $E_{0,x} = E_{0,y}$,其振幅保持不变:矢量的末端在 $x\text{-}y$ 平面描画出一个圆(见图 3.5)。

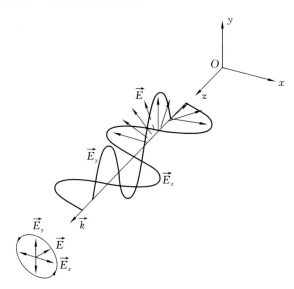

图 3.5　圆偏振平面波。场矢量描画出一个绕传播轴的回旋运动

式(3.38)中,正号表示右旋圆偏振,而负号表示左旋圆偏振,即

右旋圆偏振:$\delta = +\pi/2 + 2m\pi$,　$m = 0, \pm1, \pm2, \cdots$

左旋圆偏振:$\delta = -\pi/2 + 2m\pi$,　$m = 0, \pm1, \pm2, \cdots$

这仍然是两个独立的偏振矢量,其叠加可以构成所有的偏振(见图 3.6)。

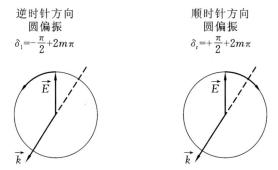

图 3.6　左旋偏振态和右旋偏振态

3. 椭圆偏振

椭圆偏振是最为一般的偏振态，其相位差 δ 及 $E_{0,x}$ 和 $E_{0,y}$ 的振幅关系均是任意的。因此，线偏振及圆偏振均可包含为椭圆偏振的特殊情形。对于圆偏振，其电场矢量围绕传播方向旋转，而对于椭圆偏振，由于存在 $E_{0,x} \neq E_{0,y}$，所以矢量末端将描画出一个椭圆，椭圆轴的比率由振幅关系给出。每个椭圆偏振可由一个圆偏振和一个线偏振叠加产生（见图 3.7）。

椭圆偏振   线偏振   圆偏振

图 3.7 电场矢量末端绕传播方向的运动

4. 起偏器和相移器

自然光是非偏振的，它包含了所有随机的偏振状态。利用起偏器和相移器，可以滤出某一偏振方向，并可以将其转换为其他偏振态。

起偏器（polarizers）由紧密平行排列的导线制成。对于微波及红外辐射，可以采用平行拉紧的导线。对于更短波长的辐射，起偏器由薄膜构成，其中嵌入了长链状的导电分子。起偏器仅让入射辐射中电场矢量与导线垂直的分量通过。这样，一种特定的线偏振就可以从该辐射中过滤出来。

相移器（phase shifters）是一种由双折射材料制作的薄片，它对不同的线偏振方向具有不同的折射率。由于折射率不同，其中不同偏振方向的传播速度不同。通过适当选择薄片的厚度，就可以在电场矢量的分量之间实现一个具体的相位差。

对于 $\lambda/4$ 相位板（phase plate），其可实现的相位差为 $\pi/2$。比较式（3.34）和式（3.36）中的相位条件可知，这相当于将线偏振辐射转化成了圆偏振辐射[⑨]，反之则情况相反。

类似地，$\lambda/2$ 相位板将引起一个大小为 π 的相位差。它对线偏振光并没

---

⑨ 一般来讲，这将导致椭圆偏振辐射。只有 $\lambda/4$ 相位板与偏振方向具有确定的方向时，才能使得辐射为圆偏振：沿相位板的两个折射方向，电场矢量必须分解为两个准确相等的部分。

有明显的影响,然而却能够使圆或椭圆偏振光的旋转方向发生反转。

3.3.4 球面波

球面波已被证明为笛卡儿坐标系(x,y,z)中矢量波动方程的解。除此之外,球坐标系(r,φ,ϑ)里面的解是尤其重要的。

对于矢量波动方程,确定球坐标系(spherical coordinates)中的解往往很困难。其原因是:矢量波动方程并不具有球对称解,无法通过一种无涡旋或极点的方式来对一个球表面设置切向矢量。

不过,在以下两种情况下,我们能给出标量(scalar)波动方程的球对称解,这时可以忽略场矢量的方向性。

(1)至少在球表面的较大范围内,场矢量不出现涡旋,并且它们的方向在一定的扩展范围内可看作是平行的。这样,从数学上转换为标量方程是可以接受的(可与 3.2.5 节进行比较)。从该意义上来说,标量方程的球对称解代表了在有限角度范围内波传播的一种近似。

(2)通常,自然光源发射的是各个方向上所有偏振波的统计混合。因此,每点的场的偏振方向均是以统计过程发生变化的。在这种情况下,对偏振进行详细描述是不实际的,因此可以将其仅限制于标量波动方程。

球坐标系中的标量波动方程(可与式(3.18)相比较)为

$$\frac{1}{r}\frac{\partial^2(rE)}{\partial r^2}+\frac{1}{r^2\sin^2\vartheta}\left[\sin\vartheta\frac{\partial}{\partial\vartheta}\left(\sin\vartheta\frac{\partial E}{\partial\vartheta}\right)+\frac{\partial^2 E}{\partial\varphi^2}\right]-\frac{1}{c^2}\frac{\partial^2 E}{\partial t^2}=0 \quad (3.39)$$

该方程可以通过分离变量法进行求解,即

$$E(r,\vartheta,\varphi,t)=E_0\cdot u(r)\cdot g(\varphi,\vartheta)\cdot\mathrm{e}^{-i\omega t} \quad (3.40)$$

其中,径向部分$u(r)$及角度部分$g(\varphi,\vartheta)$的解可由以下特殊函数给出:

$$u_1(r)=k\cdot\mathrm{j}_l(kr),\quad u_2(r)=k\cdot\mathrm{n}_l(kr),\quad g(\varphi,\vartheta)=\mathrm{Y}_l(\vartheta) \quad (3.41)$$

式中:$k=\omega/c$,$l=0,1,2,\cdots$。

函数Y_n决定了球面波的角向部分,称为球谐函数(spherical harmonic functions),即

$$\mathrm{Y}_n(\vartheta)\equiv\mathrm{Y}_n^{m=0}(\varphi,\vartheta)=\sqrt{\frac{2n+1}{4\pi}}\,\mathrm{P}_n(\cos\vartheta),\quad \mathrm{P}_n(z)=\frac{1}{2^n n!}\cdot\frac{d^n}{dz^n}(z^2-1)^n$$

$$(3.42)$$

式中:$n=0,1,2,\cdots$。

多项式$\mathrm{P}_n(z)$称为勒让德多项式(Legendre polynomials)。其中,前三个

球谐函数为

$$Y_0(\vartheta)=\frac{1}{4\pi}, \quad Y_1(\vartheta)=\sqrt{\frac{3}{4\pi}}\cos\vartheta, \quad Y_2(\vartheta)=\sqrt{\frac{5}{4\pi}}\left(\frac{3}{2}\cos^2\vartheta-\frac{1}{2}\right)$$

$$(3.43)$$

对于径向部分,首先有两类不同的解。在零点处的偶数解 $u_1(r)$ 由球贝塞尔函数(spherical Bessel fuctions)$j_l(z)$ 给出,该函数可由半整数阶的贝塞尔函数 $J_{n+\frac{1}{2}}$ 导出,即

$$j_l(z)=\sqrt{\frac{\pi}{2z}}J_{n+\frac{1}{2}}(z)$$

$$(3.44)$$

或者也可以从下面的微分表示来获得,即

$$j_l(z)=(-z)^l\left(\frac{1}{z}\frac{\mathrm{d}}{\mathrm{d}z}\right)^l\frac{\sin z}{z}$$

$$\Rightarrow j_0(z)=\frac{\sin z}{z},$$

$$(3.45)$$

$$j_1(z)=\frac{\sin z}{z^2}-\frac{\cos z}{z},\cdots$$

在 $r=0$ 处的奇数解是球诺伊曼函数(spherical Neumann functions)$n_l(z)$,即

$$n_l(z)=(-1)^{l+1}\sqrt{\frac{\pi}{2z}}J_{-l-\frac{1}{2}}(z)$$

$$=-(-z)^l\left(\frac{1}{z}\frac{\mathrm{d}}{\mathrm{d}z}\right)^l\frac{\cos z}{z}$$

$$(3.46)$$

$$\Rightarrow n_0(z)=-\frac{\cos z}{z}$$

$$n_1(z)=-\frac{\cos z}{z^2}-\frac{\sin z}{z},\cdots$$

如果幅角接近零,则这些函数可被简化为

$$z\rightarrow 0: j_l(z)\approx\frac{z^l}{(2l+1)!!}, \quad n_l(z)\approx\frac{-(2l-1)!!}{z^{l+1}},$$

$$(3.47)$$

$$(2l+1)!!=1\cdot 3\cdot 5\cdot\cdots\cdot(2l+1)$$

这意味着球贝塞尔函数在 $z=0$ 处仍是保持有限大小的,而球诺伊曼函数在该处则是发散的。从另一方面来说,对于非常大的 z,则有下列关系式成立。

$$z\rightarrow\infty: j_l(z)\approx\frac{1}{z}\sin\left(z-\frac{l\pi}{2}\right), \quad n_l(z)\approx-\frac{1}{z}\cos\left(z-\frac{l\pi}{2}\right) \quad (3.48)$$

这些方程实际上是随着 $1/z$ 的减小而减小的。除了一个相移外,它们在形式上是不依赖于阶数 l 的。

一般来说,奇数和偶数解可以合并成一个复数表示,即

$$\begin{cases} u_l^+(r) = \mathrm{i} k\, \mathrm{j}_l(kr) - k\, \mathrm{n}_l(kr) = \dfrac{\mathrm{e}^{\mathrm{i} kr - \mathrm{i} l\frac{\pi}{2}}}{r} \\[2mm] u_l^-(r) = -\mathrm{i} k\, \mathrm{j}_l(kr) - k\, \mathrm{n}_l(kr) = \dfrac{\mathrm{e}^{-\mathrm{i} kr + \mathrm{i} l\frac{\pi}{2}}}{r} \end{cases} \tag{3.49}$$

式中:$kr \gg 1 \Leftrightarrow r \gg \dfrac{\lambda}{2\pi}$。

最低阶的完全解为

$$l = 0 : E(r,\vartheta,t) = E_0 u_0^{\pm}(r) Y_0(\vartheta)\mathrm{e}^{-\mathrm{i}\omega t} = \frac{E_0}{4\pi}\frac{\mathrm{e}^{\pm\mathrm{i} kr - \mathrm{i}\omega t}}{r} = \widetilde{E}_0\,\frac{\mathrm{e}^{\pm\mathrm{i} kr - \mathrm{i}\omega t}}{r} \tag{3.50}$$

这正是球面波(spherical waves),因为对于这些解,当 $t = t_0$ 时,等相面上的每一点处于中心对称的球面上,即

$$t = t_0 : \pm kr - \omega t_0 = \mathrm{const} \Rightarrow r = \pm\frac{\omega}{k}t_0 + \mathrm{const} = \pm c t_0 + \mathrm{const} \tag{3.51}$$

根据前面符号的不同,对应波可以扩展到更大的半径,或是缩小到更小的半径,这两种可能解描述了入射(incoming)和发射(outgoing)球面波的情形。

因为波动方程的解一方面可以通过平面波来表示;另一方面可以通过球坐标系中的解来表示,两种解之间必须是可以转换的。事实上,在平面波之间,以及球贝塞尔函数和球谐函数之间,可以导出如下关系:

$$\mathrm{e}^{\vec{i k} \cdot \vec{r}} = \mathrm{e}^{\mathrm{i} kr\cos\vartheta} = \sum_{l=0}^{\infty} \mathrm{i}^l(2l+1)\mathrm{j}_l(kr)\mathrm{P}_l(\cos\vartheta) \tag{3.52}$$

这里,球谐函数直接约化为勒让德多项式。式(3.52)表示平面波可由球面波的叠加来表示。

实际中,人们总是选择球坐标系来求解波动方程,因其相位面具有更简洁的形式。除了笛卡儿坐标系和球坐标系,波动方程也可以在其他坐标系中获得求解。然而,至少在经典光学中,上述两种坐标系是最经常被采用的。一般来说,光从一个光源发射可用发射球面波来描述;而在比较远的距离或者通过一个相应的透镜来聚焦,可以近似采用平面波来表示(见图 3.8)。

焦点(focal point)附近光波的描述就比较复杂了。在该处运用球面波来描述会导致一些不具有物理意义的结果,因为式(3.50)的解会变得发散:焦点处的场强会变得无限大。解决该问题的方法是采用椭球面坐标系(spheroid coordinates),

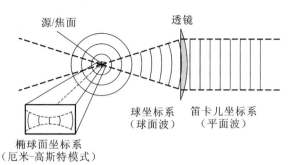

源/焦面　　　　　　　　透镜

球坐标系　　笛卡儿坐标系
（球面波）　　（平面波）

椭球面坐标系
（厄米-高斯特模式）

图 3.8　通过一个透镜将球面波转化为平面波（反之相反）。焦点区或者光源的周围不能够用球面波来描述。此时，就不得不采用厄米-高斯特解（可参考第 5 章中的公式）

或者利用电磁波的厄米-高斯特解（Hermite-Gaussian solutions）。这样，焦点就不再能够看成一个点，但是仍然限制于一个半径大于波长的区域内。对于离焦点区域比较远的情形，椭球面解就演化为球面波。对于高度准直以及精确聚焦的激光辐射，焦点区域的描述就变得非常重要了。因此，这类聚焦辐射将在第 5 章单独讲述。

3.3.5　电磁波的能量密度

对于实数场可由麦克斯韦方程组即通过其中包含 $\vec{H}$ 的第三个方程（法拉第感应定律，参考式（3.2））和包含 $\vec{E}$ 的第四个方程（安培-麦克斯韦定律）的乘积，推导出能量守恒定律，有

$$
\begin{cases}
\vec{H} \cdot (\vec{\nabla} \times \vec{E}) + \vec{H} \cdot \dfrac{\partial \vec{B}}{\partial t} = 0 \\[3mm]
\vec{E} \cdot (\vec{\nabla} \times \vec{H}) - \vec{E} \cdot \dfrac{\partial \vec{D}}{\partial t} = \vec{j} \cdot \vec{E}
\end{cases}
\tag{3.53}
$$

这里必须采用实数场，因为式（3.53）不再是线性的，因此不能够像 3.3.1 节那样扩展到复数场。根据线性近似关系，即式（3.3），电位移矢量 $\vec{D}$ 和磁感应强度 $\vec{B}$ 由场强表示为

$$
\vec{D} = \varepsilon_0 \varepsilon \cdot \vec{E}, \quad \vec{B} = \mu_0 \mu \cdot \vec{H}
\tag{3.54}
$$

用式（3.53）中的第一个式子减去第二个式子，可得到

$$
\frac{1}{2} \frac{\partial}{\partial t} (\mu_0 \mu \ \vec{H}^2 + \varepsilon_0 \varepsilon \ \vec{E}^2) + \vec{\nabla} \cdot (\vec{E} \times \vec{H}) = -\vec{j} \cdot \vec{E} - \frac{1}{2} \left(\mu_0 \ \vec{H}^2 \ \frac{\partial \mu}{\partial t} + \varepsilon_0 \ \vec{E}^2 \ \frac{\partial \varepsilon}{\partial t} \right)
\tag{3.55}
$$

其中用到了关系式⑩

$$\begin{cases} \vec{H}\,\dfrac{\partial}{\partial t}(\mu\vec{H}) = \dfrac{1}{2}\dfrac{\partial}{\partial t}(\mu\vec{H}^2) + \dfrac{1}{2}\vec{H}^2\,\dfrac{\partial\mu}{\partial t} \\[2mm] \vec{\nabla}\cdot(\vec{E}\times\vec{H}) = \vec{H}\cdot(\vec{\nabla}\times\vec{E}) - \vec{E}\cdot(\vec{\nabla}\times\vec{H}) \end{cases} \tag{3.56}$$

和下列定义：

电磁场的能量密度 $w_{em} = \dfrac{1}{2}(\varepsilon_0\varepsilon\cdot\vec{E}^2 + \mu_0\mu\,\vec{H}^2)$

能流密度（坡印廷矢量） $\vec{S} = \vec{E}\times\vec{H}$

机械功率密度 $p_{mech} = \vec{j}\cdot\vec{E}$

电磁波能量守恒的一般性原理可写为

$$\frac{\partial}{\partial t}w_{em} + \vec{\nabla}\cdot\vec{S} = -p_{mech} - \frac{1}{2}\left(\mu_0\vec{H}^2\,\frac{\partial\mu}{\partial t} + \varepsilon_0\vec{E}^2\,\frac{\partial\varepsilon}{\partial t}\right) \tag{3.57}$$

如果 ε 和 μ 均不依赖于时间，则式(3.57)可约化为关于能量守恒的坡印廷定理(Poynting theorem)，即

$$\frac{\partial}{\partial t}w_{em} + \vec{\nabla}\cdot\vec{S} = -p_{mech} \tag{3.58}$$

坡印廷矢量垂直于两个场矢量，因此对于平面波的情形，它指向波矢 $\vec{k}$ 的方向。式(3.58)左边中的第二项描述了能量沿波传播方向的传输。式(3.58)右边项表达了电流是由电场引发情形下的能量往机械功率的转换。式(3.57)中额外出现的项代表了波传播介质磁化或极化所需的能量，其由磁化率 μ 和介电常数 ε 来表达。一般情况下，这些部分的贡献可以被忽略。

能流密度在时间上及波的周期 T 上的平均，通常称为辐射强度(intensity)，有

$$I = \langle\,|\,\vec{S}\,|\,\rangle = \langle\,|\,\vec{E}\times\vec{H}\,|\,\rangle, \quad \langle\,|\,\vec{S}\,|\,\rangle \equiv \frac{1}{T}\int_0^T |\,\vec{S}\,|\,\mathrm{d}t \tag{3.59}$$

式中：$T = 2\pi/\omega = 1/\nu$，为波的周期。

对于纯横波，能量密度、能流密度和强度的表达式可以进一步简化。利用式(3.29)电场强度和磁感应强度之间的关系，磁场强度 $\vec{H}$ 可由 $\vec{E}$ 来表示。这样，横波的能量密度、坡印廷矢量和强度就变为

---

⑩ 这里假设 ε 和 μ 均是标量。对于张量，式(3.55)和式(3.56)中的表达式就要写成二次方的形式。但是，一般而言，这并没引起什么变化。

$$w_{em} = \varepsilon_0 \varepsilon E^2 , \quad \vec{S} = c w_{em} \frac{\vec{k}}{k} , \quad I = \langle |\vec{S}| \rangle = c \langle w_{em} \rangle = \frac{\varepsilon_0 \varepsilon c}{2} E_0^2 \quad (3.60)$$

式中:E_0 为电场的振幅。

对于时间平均,假设电场具有谐波时间依赖性,则有

$$\vec{E} = \vec{E}_0 \cos(\omega t) \Rightarrow \langle E^2 \rangle = E_0^2 \frac{1}{2\pi/\omega} \int_0^{2\pi/\omega} dt \cos^2(\omega t) = \frac{1}{2} E_0^2 \quad (3.61)$$

场能量密度$\langle w_{em} \rangle$对一个波周期取平均,也称为波能量密度(wave energy density)。

由于自由传播的电磁波是横波,简化的式(3.60)通常比式(3.56)更具有一般性。非横波出现在波导及等离子体中,因此,简化关系式在这里就不再成立了。

在技术领域,式(3.60)前面的因子 $\varepsilon_0 \varepsilon c/2$ 通常由介质的波阻抗(wave impedance)Z 来表示,即

$$Z = \sqrt{\frac{\mu \mu_0}{\varepsilon \varepsilon_0}} = \mu \mu_0 c = \frac{1}{\varepsilon \varepsilon_0 c} \Rightarrow \vec{S} = \frac{E^2}{Z} \frac{\vec{k}}{k} , \quad I = \frac{1}{2} \frac{E_0^2}{Z} \quad (3.62)$$

式中:Z 为波阻抗。

真空的波阻抗为

$$Z_0 = \sqrt{\frac{\mu_0}{\varepsilon_0}} = 376.72 \ \Omega \quad (3.63)$$

当电磁波由一种介质耦合到另一种介质时,波阻抗就变得尤其有意义,波会反射,而耦合效率就会以两种介质间的波阻抗之差而成比例地变小。

最后需要提及一个常用的关系,那就是复数场与时间平均的实数场之间的关系。一般来说,描述电磁波时,通常最初用复数场强来表示。时间依赖性通常是谐波的,即

$$\vec{E} \sim \vec{H} \sim e^{-i\omega t} , \quad \Rightarrow \vec{E}^* \sim \vec{H}^* \sim e^{i\omega t} \quad (3.64)$$

根据式(3.22),有

$$\vec{E} = \frac{1}{2}(\vec{E} + \vec{E}^*) = \Re(\vec{E}) , \quad \vec{H} = \frac{1}{2}(\vec{H} + \vec{H}^*) = \Re(\vec{H}) \quad (3.65)$$

这是由于有

$$\langle \vec{E}\vec{H} \rangle \sim \frac{\omega}{2\pi} \int_0^{2\pi/\omega} dt \, e^{-2i\omega t} = 0 , \quad \langle \vec{E}^* \vec{H}^* \rangle \sim \frac{\omega}{2\pi} \int_0^{2\pi/\omega} dt \, e^{2i\omega t} = 0 ,$$

$$\langle \vec{E}^* \vec{H} \rangle \sim \langle \vec{E}\vec{H}^* \rangle \sim \frac{\omega}{2\pi} \int_0^{2\pi/\omega} dt \, 1 = 1$$

因此,两个实数场振幅乘积的时间平均可以直接由复振幅通过下面的方式来表达,即

$$\langle \vec{E}\vec{H}\rangle = \frac{1}{4}\langle(\vec{E}+\vec{E}^{*})(\vec{H}+\vec{H}^{*})\rangle$$

$$= \frac{1}{4}\langle\vec{E}\vec{H}+\vec{E}^{*}\vec{H}^{*}+\vec{E}^{*}\vec{H}+\vec{E}\vec{H}^{*}\rangle = \frac{1}{4}(\vec{E}^{*}\vec{H}+\vec{E}\vec{H}^{*}) = \frac{1}{2}\Re(\vec{E}^{*}\vec{H})$$

$$(3.66)$$

对于场振幅的平方,同样有

$$\langle \vec{E}^{2}\rangle = \frac{1}{2}\vec{E}^{*}\vec{E} = \frac{1}{2}|\vec{E}|^{2} \qquad (3.67)$$

成立,这意味着时间平均可由复数场强度绝对值的平方来代替。由此,式(3.60)中的强度就变为

$$I = c\langle w_{em}\rangle = c\varepsilon_{0}\varepsilon\langle\vec{E}^{2}\rangle = \frac{c\varepsilon_{0}\varepsilon}{2}|\vec{E}|^{2} = \frac{1}{2Z}|\vec{E}|^{2} \qquad (3.68)$$

3.4 波的叠加

在 3.3 节中已经说明,由于波动方程的线性特征,基本解的每一种叠加也代表了波动方程的一个解。波的解的叠加也导致了一系列不同的叠加现象。叠加结果依赖于不同分量波的参数。

这里再次利用平面波来讨论,这样显得更为方便。每一个平面波可由下列参数给出明确的定义:

(1) 频率 ν 或波矢的大小 k;

(2) 传播方向,由 $\vec{k}$ 矢量的方向给出;

(3) 波的相位 δ;

(4) 振幅 $|\vec{E}|$;

(5) 偏振,由偏振矢量 $\vec{e}$ 表示。

振幅在叠加过程中的作用是次要的。下面对四种不同的基本叠加过程分别进行讨论。

3.4.1 不同相位的叠加

对于最简单、同时也最基本的情形,叠加波的区别仅在于相位差 δ,即

$$\vec{E}_{1} = \vec{E}_{0}e^{ikz-i\omega t}, \qquad \vec{E}_{2} = \vec{E}_{0}e^{ikz-i\omega t}e^{i\delta} \qquad (3.69)$$

为了简化,假设沿 z 轴方向传播。通过叠加,下面的波就变为

$$\begin{cases} \vec{E}_{12}=\vec{E}_1+\vec{E}_2=\vec{E}_0\,\mathrm{e}^{ikz-i\omega t}\,(1+\mathrm{e}^{i\delta}) \\ |\vec{E}_{12}|=|\vec{E}_0|\cdot|1+\mathrm{e}^{i\delta}|=\sqrt{2(1+\cos\delta)}\cdot|\vec{E}_0| \end{cases} \tag{3.70}$$

相同频率和传播方向波的叠加过程称为干涉(interference),叠加后的总波称为干涉波(interference wave)。干涉波的振幅依赖于两个分量波之间的相位差。其中,最令人感兴趣的是相长干涉(constructive interference)及相消干涉(destructive interference)。

$$\begin{cases} \delta=2m\cdot\pi\Rightarrow|\vec{E}_{12}|=2|\vec{E}_0| \quad 相长干涉 \\ \delta=(2m+1)\cdot\pi\Rightarrow|\vec{E}_{12}|=0 \quad 相消干涉 \end{cases} \tag{3.71}$$

式中:$m=0,\pm1,\pm2,\cdots$。

对于相长干涉,波的叠加是准确的同相位的,总的振幅是各个振幅的和;对于相消干涉,波的叠加是准确的相位相反的,因此各个波之间相互抵消(见图3.9)。

在干涉仪中,就用到了具有相移的波之间的干涉来确定不同路径之间的差异,比如在迈克尔孙干涉仪(Michelson interferometer)中。反过来,这可以是由不平坦或者不完全平行的光学系统的表面形成的。

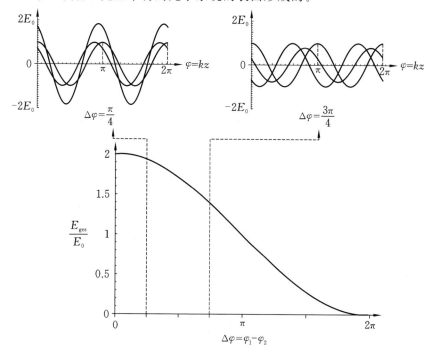

图 3.9 两波干涉的总场强,依赖于相位差 $\Delta\varphi$

3.4.2 不同偏振波的叠加

在 3.3.3 节中已经提到,只有两个独立的偏振态才能够构建其他偏振态。所以,或者是两个正交的线偏振矢量

$$\vec{e}_x = \begin{pmatrix} 1 \\ 0 \end{pmatrix}, \quad \vec{e}_y = \begin{pmatrix} 0 \\ 1 \end{pmatrix} \tag{3.72}$$

或者是两个具有相反旋转矢量的圆偏振态

$$\vec{e}_r = \frac{1}{\sqrt{2}} \begin{pmatrix} 1 \\ +i \end{pmatrix}, \quad \vec{e}_l = \frac{1}{\sqrt{2}} \begin{pmatrix} 1 \\ -i \end{pmatrix} \tag{3.73}$$

可以代表它们的基本偏振态。为了确定由两个基矢(由振幅和位相表征)叠加所形成的偏振矢量,两个基矢都必须参与叠加而且都要归一化。

比如,一个线偏振波可以由一个左旋圆偏振波和一个右旋圆偏振波的叠加来产生,即

$$\frac{1}{\sqrt{2}} (\vec{e}_r + \vec{e}_l) = \begin{pmatrix} 1 \\ 0 \end{pmatrix} = \vec{e}_x \tag{3.74}$$

如果这些圆偏振波叠加时具有一个大小为 π 的相位差,就可以获得沿其他方向偏振的状态,即

$$\frac{1}{\sqrt{2}} (\vec{e}_r + e^{i\pi} \vec{e}_l) = \frac{1}{\sqrt{2}} (\vec{e}_r - \vec{e}_l) = \begin{pmatrix} 0 \\ i \end{pmatrix} = i\vec{e}_y = e^{i\frac{\pi}{2}} \vec{e}_y \tag{3.75}$$

同样,当两个线偏振波具有相位差 $\pi/2$ 或 $-\pi/2$ 时,圆偏振也可以由线偏振波来形成,即

$$\frac{1}{\sqrt{2}} (\vec{e}_x + e^{i\frac{\pi}{2}} \vec{e}_y) = \frac{1}{\sqrt{2}} \begin{pmatrix} 1 \\ i \end{pmatrix} = \vec{e}_r, \quad \frac{1}{\sqrt{2}} (\vec{e}_x + e^{-i\frac{\pi}{2}} \vec{e}_y) = \frac{1}{\sqrt{2}} \begin{pmatrix} 1 \\ -i \end{pmatrix} = \vec{e}_l \tag{3.76}$$

相应地,可以想象每一种偏振波均可由两个其他正交偏振波的叠加来获得。该思想有助于理解一个波通过一个包含起偏器和相移器的系统。入射波被分成与起偏器方向平行和垂直的部分,而只有垂直部分才可以通过。

3.4.3 不同频率波的叠加

不同频率波的叠加产生一种在声波里面广泛出现的现象:拍频。如果两个波为

$$\vec{E}_1 = \vec{E}_0 e^{ik_1 z - i\omega_1 t}, \quad \vec{E}_2 = \vec{E}_0 e^{ik_2 z - i\omega_2 t} \tag{3.77}$$

那么通过叠加可得

$$\vec{E}_{12}=\vec{E}_1+\vec{E}_2=\vec{E}_0\left(e^{ik_1z-i\omega_1t}+e^{ik_2z-i\omega_2t}\right)=2\vec{E}_0\cos\left(k_-z-\omega_-t\right)e^{ik_+z-i\omega_+t}$$

$$(3.78)$$

式中:$\omega_-=\dfrac{\omega_1-\omega_2}{2}$ 和 $k_-=\dfrac{k_1-k_2}{2}$ 分别为调制频率和波数;$\omega_+=\dfrac{\omega_1+\omega_2}{2}$ 和 $k_+=\dfrac{k_1+k_2}{2}$ 分别为平均频率和波数。这里,式(3.78)用到了 $\cos\alpha=\dfrac{1}{2}\left(e^{i\alpha}+e^{-i\alpha}\right)$。

两个波的叠加可以写成两个振荡项的乘积,现在出现了一个具有平均频率(mean frequency)的波,该波由一个较低的频率进行调制,即调制频率(modulation frequency)(见图3.10)。两个频率越接近,则调制频率越低。

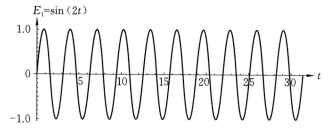

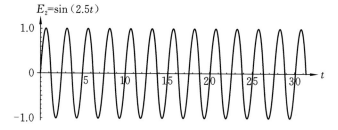

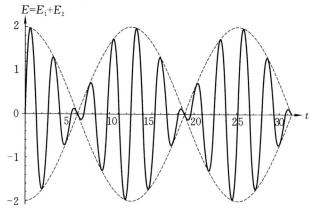

图3.10 频率为 $\omega_1=2$ 和 $\omega_2=2.5$ 的两个正弦波的拍频

波的强度正比于场强度的平方，即

$$I \sim |\vec{E}_{12}|^2 = 4E_0^2 \cos^2(k_- z - \omega_- t) = 2E_0^2 [1 + \cos(2k_- z - 2\omega_- t)]$$

$$(3.79)$$

这意味着波以二倍频被调制。该强度调制称为拍频，二倍频为振荡频率（oscillation frequency）。

3.4.4　群速和色散

两个不同频率波的叠加是波包（wave packet）的一种最简单形式：一般来说，波包包含大量具有不同频率和确定相位关系的波。对于 3.4.3 节两个波的情形，调制波上每个波节对应一个波包。

波节沿传播方向以群速度（group velocity）运动。因此，从下面的条件可以得出

$$k_- z - \omega_- t = \text{const} \Rightarrow \nu_{gr} = \frac{dz}{dt} = \frac{\omega_-}{k_-}$$

$$(3.80)$$

更一般地，当波包由连续的频谱构成时，有

$$\omega_2 \to \omega_1 + d\omega, \quad k_2 \to k_1 + dk \Rightarrow \omega_- \to 2d\omega, \quad k_- \to 2dk \Rightarrow \nu_{gr} = \frac{d\omega}{dk} \quad (3.81)$$

式中：ν_{gr} 为群速度。

在真空中，$\omega = c_0 k$ 成立，因此群速度对应于真空中的光速。在很多介质中，折射率 n 依赖于频率，群速度也就随着频率变化，即

$$c = \frac{c_0}{n} = \frac{\omega}{k_0 n} = \frac{\omega}{k} \Rightarrow k = k_0 n \Rightarrow \nu_{gr} = \frac{d\omega}{dk} = \frac{1}{k_0}\frac{d\omega}{dn} = \frac{1}{k_0}\left(\frac{dn}{d\omega}\right)^{-1} \quad (3.82)$$

式中：c_0 与 k_0 分别为真空中的光速与波数；n 为介质的折射率；c 与 k 分别为介质中的光速与波数。

这种频率依赖性称为色散（dispersion），函数 $n(\omega)$ 称为色散关系（dispersion relation）[①]。在真空中没有色散。色散本身主要表现为波包通过介质时发生了变形，因为其高频部分与低频部分具有不同的传播速度。

3.4.5　不同传播方向波的叠加

如果两个具有相同频率和偏振但具有不同的传播方向的平面波发生叠加，就会导致如图 3.11 所示的图样。两个波为

[①]　一般来说，频率和波数之间的所有关系均被称为色散关系。因此，介质中的波数正比于折射率。

$$\vec{E}_1 = \vec{E}_0 e^{ik\vec{e}_1 \cdot \vec{x} - i\omega t}, \quad \vec{E}_2 = \vec{E}_0 e^{ik\vec{e}_2 \cdot \vec{x} - i\omega t} \tag{3.83}$$

式中:$\vec{e}_1$ 和 $\vec{e}_2$ 分别为第一个和第二个波沿传播方向的单位矢量。

坐标系按如下方式来选择,两个传播矢量均位于 x-z 平面,并且对称地与 z 轴成 $\pm\varphi$ 角倾斜(见图 3.11)。

$$\vec{e}_1 = \begin{pmatrix} -\sin\varphi \\ 0 \\ \cos\varphi \end{pmatrix}, \quad \vec{e}_2 = \begin{pmatrix} \sin\varphi \\ 0 \\ \cos\varphi \end{pmatrix} \tag{3.84}$$

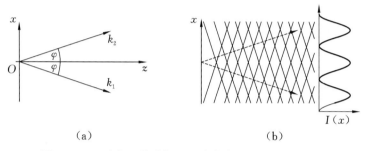

(a) (b)

图 3.11 (a)坐标系的选择;(b)波前的叠加及其干涉图样

两波叠加可得

$$\begin{aligned}
\vec{E} = \vec{E}_1 + \vec{E}_2 &= \vec{E}_0 e^{ikz\cos\varphi}(e^{ikx\sin\varphi} + e^{-ikx\sin\varphi})e^{-i\omega t} \\
&= 2\vec{E}_0 \cos(kx\sin\varphi)e^{ikz\cos\varphi - i\omega t} \\
&= 2\vec{E}_0 \cos(\kappa x)e^{i\tilde{k}z - i\omega t}
\end{aligned} \tag{3.85}$$

式中:$\kappa = k\sin\varphi$;$\tilde{k} = k\cos\varphi$。

这是一个沿 z 轴传播的波(波数 $\tilde{k}$ 以 $\cos(\varphi)$ 为因子而减小),这意味着两部分波所包含的夹角 2φ 越大,总的波数越小。沿 x 轴方向,总的波振幅依赖于 $\cos(\kappa x)$ 调制,调制波数 κ 越大,夹角越大。

在极限情况 $\varphi = \pi/2$,二分量波沿 x 轴传播(但传播方向相反)。在该情况下进行叠加,则有

$$\varphi = \frac{\pi}{2} \Rightarrow \tilde{k} = 0, \kappa = k, \quad \vec{E} = 2\vec{E}_0 \cos(kx)e^{-i\omega t} \tag{3.86}$$

以下位置处

$$kx = (2n+1)\frac{\pi}{2}, \quad n = 0, \pm 1, \pm 2, \cdots \tag{3.87}$$

场强在任何时间点均消失(波节)。而在这些波节(wave nodes)之间,则具有

一个与时间无关的复振幅和一个以 ω 为频率的位相振荡。由于波节是静止的,这种类型的波称为驻波(standing wave)。由于两部分波的坡印廷矢量具有相同的振幅并且指向相反方向,总波的坡印廷矢量为零,即

$$\vec{S}=\vec{S}_1+\vec{S}_2=0 \tag{3.88}$$

这意味着驻波不传输任何能量。但驻波中却存储着能量,即

$$w_{em}=\varepsilon\varepsilon_0 E^2=2\varepsilon\varepsilon_0 \left| E_0 \right|^2 \cos^2(kx)\cos^2(\omega t) \tag{3.89}$$

其强度按照静止波节而调制,有

$$I\equiv I(x)=c\langle w_{em}\rangle=c\varepsilon\varepsilon_0 \left| E_0 \right|^2 \cos^2(kx) \tag{3.90}$$

这种强度的稳定调制实际上是可以测量的。对于微波,通过测量最小强度间的距离,辐射的波长就可以被确定。

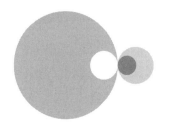

第 4 章
电磁波的传播

在前面的章节中,电磁波作为一种基本现象被引入。所有的电磁辐射场都可以用前面所述的方程和基本解来描述。然而,这些问题的通解和精确解要么过于复杂,要么根本无法确定。因此,需要利用每个问题的特征来简化描述过程。

以激光为例,电磁辐射主要集中在一个确定的方向,即辐射方向(radiation direction):激光以"光束"的形式发射。在接下来的两章中,我们将从原理上给出不同的、理想化的光束模型。每个模型只适用于特殊的情况,因此只有在特定的假设条件下才有效。

并不是只有激光才可以形成"光束",因此,这里提出的模型对"经典光束"和"激光光束"同样有效。我们将会看到真实的激光光束最接近于理想化的理论描述。

一般来说,描述光束传播的理论被统一在光学(optics)概念之下。

4.1 传播状态和菲涅耳数

正如前文所述,不使用激光也可以产生定向的、受限的光束,如用灯照射圆孔(见图 4.1)。

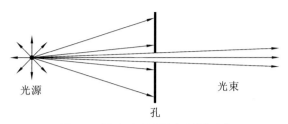

图 4.1　通过对孔照明产生"光束"

通过使用光谱灯或适当的滤光片,光束也基本上是单色的。如果光被光圈后面的屏幕捕捉到,光的强度分布就会根据观察平面与孔的不同距离而有不同表现。实际上常用无量纲的菲涅耳数(Fresnel number)N_F来描述观测平面到孔距离的参数,即

$$N_F = \frac{r^2}{z\lambda} \tag{4.1}$$

式中:r为孔半径;z为观测平面到孔的距离;λ为光束的波长。

利用菲涅耳数,可以将孔后的空间分成三个区域(见图 4.2)。在孔的正后方,菲涅耳数非常大,光强的分布准确地反映了开口的几何形状,这意味着阴影的边界是清晰的,在光束截面上强度分布是恒定的,光只沿由光源发出的几何直线传播。因此,这个区域称为几何光学区域(geometrical optics)。

相反,如果观测平面到孔的距离很大,则菲涅耳数接近 0,这是夫琅禾费衍射(Fraunhofer diffraction)区域。清晰的阴影线变得模糊,光束在几何阴影线上变宽。光束截面上的强度分布具有光滑的轮廓,光强向光束的边界方向递减。当光束的宽度随着与孔的距离增加而增大时,光强分布的形状保持不变。而对于圆形孔,光束的扩展锥度由

$$\sin\theta \cong 1.22\frac{\lambda}{2r} \tag{4.2}$$

给出,它称为夫琅禾费衍射角(Fraunhofer diffraction angle),简称衍射角。由于阴影线的模糊,孔的几何细节在距离较远时不再可见,不同形状的孔之后的强度分布与圆形孔之后的强度分布越来越一致,直到每个孔之后的强度分布在无限远处呈现点状。

大菲涅耳数和小菲涅耳数之间的过渡区域称为菲涅耳衍射区域。此时菲涅耳数的大小为 1。基本上光辐射仍然在几何阴影线内传播。然而,强度分布具有很强的结构性,并且随着距离的变化而迅速变化。为此,强度最大值的个数总是与菲涅耳数相对应。

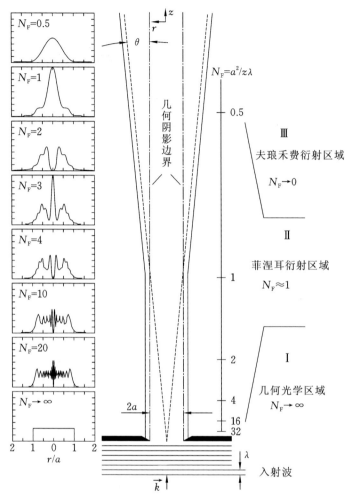

图 4.2 圆孔衍射后光的传播

在下面的小节中，我们将对各区域进行详细阐述。

4.2 几何光学

大多数日常光学现象都属于几何光学领域：在被照亮的物体后面产生一个阴影图像，它对应于物体的几何投影。这归因于所观测的物体尺寸通常远大于可见光的波长。[①]

从数学上讲,如果波长的有限尺寸被忽略:

$$\lambda \to 0, \quad k = \frac{2\pi}{\lambda} \to \infty \tag{4.3}$$

这就过渡到几何光学。

4.2.1　费马原理[*]

本节将从形如

$$\Delta \vec{E} - \frac{n^2}{c_0^2} \frac{\partial^2}{\partial t^2} \vec{E} = 0 \tag{4.4}$$

的波动方程出发,处理相关的极限问题。式中:n 为介质的折射率;c_0 为真空中的光速。注意,光在介质中的速度用折射率 n 和真空中的光速 c_0 来表示。一般来说,折射率依赖于空间位置,即 $n = n(x,y,z)$。然而,折射率的空间依赖性通常很弱,这意味着折射率在一个波长的范围内几乎没有变化,可以看作是常数。这个限制条件也是必需的,这样才能假定波动方程(4.4)是成立的,因为在该方程的推导中,假定 $\varepsilon = n^2 = const$ 是成立的(参见 3.3.3 节)。

作为求解方程(4.4)的一个逼近法,首先用平面波。现在通过引入振幅和空间相位项的空间依赖关系来刻画折射率的空间依赖关系,即

$$\vec{E} = E_0(x,y,z) e^{ikL(x,y,z) - i\omega t} \tag{4.5}$$

式中:$\vec{e}$ 为电场矢量方向上的单位矢量;L 为沿传播方向上的坐标。

假设偏振方向和传播方向都不受影响,则 k 可以写成标量,也不再需要考虑电场的矢量性质。重要的是,相位的空间依赖性不是通过波数的空间变化引入的,而是与传播坐标 L 的空间依赖性有关。

将式(4.5)代入波动方程(4.4),则可得到

$$\Delta E_0 + 2ik \vec{\nabla} E_0 \vec{\nabla} L + ik E_0 \Delta L - k^2 E_0 (\vec{\nabla}L)^2 + n^2 k^2 E_0 = 0 \tag{4.6}$$

将这个方程两边同除以 k^2,当 $k \to \infty$ 时,左边只剩下两项,这就是所谓的程函方程(eikonal equation),即

$$(\nabla L)^2 = n(x,y,z)^2 \tag{4.7}$$

这个方程的解 $L(x,y,z)$ 称为程函(eikonal)。除了常数因子 k 外,程函与波的空间相位一致,所以对于等相位面 $L = const$ 是成立的。因为矢量 ∇L 垂直于这些面,并且指向波的传播方向,所以它可以被解读为"光束"。

---

[*] 英文版原书有此节。

程函方程可以写成以下形式:

$$L(P_1 \to P_2) = \int_{s_1}^{s_2} n[\vec{x}(s)]\mathrm{d}s, \quad \vec{x}(s_1) = \overrightarrow{OP_1}, \vec{x}(s_2) = \overrightarrow{OP_2} \quad (4.8)$$

式中:P_1 和 P_2 分别为光路的起点和终点。

由于从 P_1 到 P_2 有许多不同的路径,所以光束的传播还没有确定。所需的单个解将由费马原理(Fermat's principle)[②]推导出来,即

$$\delta L(P_1 \to P_2) = \delta\left\{\int_C n[\vec{x}(s)]\mathrm{d}s\right\} = 0, \quad C:P_1 \to P_2 \quad (4.9)$$

它是指光束从 P_1 到 P_2 的光程总是取极值,也就是极小值或极大值。光程是折射率沿光束几何路径的积分。如果观测区域的折射率是常数,那么光束总是选择从 P_1 到 P_2 的最短几何路径。如果折射率连续变化,那么光束的几何路径可以弯曲。

方程(4.9)是一个简短的形式,用来表示一个众所周知的判据,即一个函数的极值出现在它的一阶导数为零的地方。在这种情况下,根据参数 ε 进行推导,这是从 P_1 到 P_2 的所有路径 C' 中的最小路径 C。

$$\delta L = \frac{\mathrm{d}F}{\mathrm{d}\varepsilon}\Big|_{\varepsilon=0}, \quad F(\varepsilon) = \int_C n[\vec{x}(s) + \varepsilon \cdot \delta\vec{x}(s)]\mathrm{d}s,$$

$$C:\vec{x}(s), C'(s):\vec{x}(s) + \varepsilon \cdot \delta\vec{x}(s)$$

根据斯托克斯定理

$$\oint_{\delta S} \vec{\nabla}L\,\mathrm{d}\vec{s} = \iint_S \underbrace{\vec{\nabla}\times(\vec{\nabla}L)}_{=0}\mathrm{d}\vec{A} = 0 \quad (4.10)$$

要推导出费马原理,需要有这样一个特征,即在任何闭合曲线上,∇L 的线积分总是为零。

费马原理可以扩展到把折射率发生跳变的界面考虑在内。这种情况下,需要保持程函在界面上连续。因此,光束的路径在这里没有跳跃。从这个条件可以推出著名的反射定律和折射定律。

4.3 反射和折射

如果折射率在 s_j 的宏观距离上保持不变,那么光路的积分可以用求和代

---

② 该原理由费马推导出来(1650 年)。

替,即

$$s = \sum_j s_j, n = n_j = \text{const.auf} \rightarrow \text{ons}_j : \int_s n\,\mathrm{d}s \rightarrow \sum_j n_j s_j \qquad (4.11)$$

4.3.1 反射定律

如果一束光通过在一个界面上的反射从 P_1 传播到 P_2,那么光路就被分成两个部分,一部分在反射之前,一部分在反射之后,如图 4.3 所示。光在前后两段光路的折射率是相同的,因为它们在相同的介质中。因此费马原理可以被解读为

$$\delta(ns_1 + ns_2) = 0 \qquad (4.12)$$

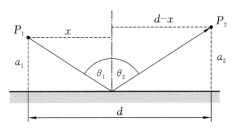

图 4.3 在界面上的反射

而路径的两个部分为

$$s_1 = \sqrt{a_1^2 + x^2}, \quad s_2 = \sqrt{a_2^2 + (d-x)^2} \qquad (4.13)$$

如果满足条件

$$\frac{\mathrm{d}}{\mathrm{d}x}(ns_1 + ns_2) = n\frac{\mathrm{d}}{\mathrm{d}x}\left[\sqrt{a_1^2 + x^2} + \sqrt{a_2^2 + (d-x)^2}\right] = 0 \qquad (4.14)$$

则光程取极值。由此得出著名的反射定律

$$\frac{x}{s_1} = \frac{d-x}{s_2} \quad \Leftrightarrow \quad \sin\theta_1 = \sin\theta_2 \qquad (4.15)$$

$$\theta_1 = \theta_2 \qquad (4.16)$$

式(4.16)表示入射角和反射角相等。

4.3.2 折射定律

可以用类似方法推出折射定律。在这种情况下,来自 P_1 的光线通过折射率为 n_1 的介质,穿过界面后通过折射率为 n_2 的介质到达 P_2(见图 4.4)。

使用费马原理表述为

$$\delta(n_1 s_1 + n_2 s_2) = 0 \qquad (4.17)$$

式中:$s_1 = \sqrt{a_1^2 + x^2}$;$s_2 = \sqrt{a_2^2 + (d-x)^2}$。

通过与上一节类似的推导,可得斯内尔定律如下:

$$n_1 \sin\theta_1 = n_2 \sin\theta_2 \qquad (4.18)$$

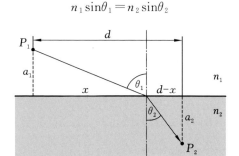

图 4.4　在平面界面上的折射

4.3.3　全反射

当光线落在界面上(其后的介质折射率较小),即 $n_1 > n_2$ 时,就会发生重要的折射极限情况。根据方程(4.18)和 $\theta_2 > \theta_1$,在满足 $\theta_1 = \theta_T$,$\theta_2 = \pi/2$ 的条件下,有

$$\theta_2 = \frac{\pi}{2} \Rightarrow \sin\theta_1 = \sin\theta_T = \frac{n_2}{n_1} \qquad (4.19)$$

当入射角大于 θ_T 时,方程(4.18)没有解:光束不能进入折射率较小的介质,因此光束是全部反射的。这种情况称为全反射(total reflection)(见图 4.5),θ_T 为全反射的临界角(critical angle for total reflection)。

全反射具有许多技术应用,因为它使反射损耗非常低。其最重要的应用是光纤,光纤的光学核心由一种材料组成,这种材料对所需的波长是高度透明的,它被包层包围,包层的折射率明显较低。③ 通过这种方式,光可以经由反复的全反射而通过光纤。

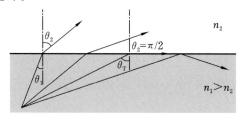

图 4.5　在界面上的全反射

---

③　本文介绍了阶梯折射率光纤,还有所谓的渐变折射率光纤。当光束接近光纤边界时,折射率不断下降。这样光束在边界处就不会被强烈地反射,而是从光纤中心开始以一种柔和曲线的形式进行传播。

4.4 透射和反射系数

之前推导出的反射/折射定律描述了光束在界面上反射和折射的方向,而不是反射波和折射波的强度关系。通常情况下,射到界面的光束既不完全反射,也不完全透射。这两个过程同时发生,而反射波和透射波上的强度分布是由含有三个变量(入射角、折射率和入射波的偏振)的函数决定的。

一方面,利用振幅的比值来表示反射和透射,即

$$r = \frac{E_r}{E_0}, \quad t = \frac{E_t}{E_0} \tag{4.20}$$

式中:E_0 为入射波的电场强度;E_r 为反射波的电场强度;E_t 为透射波的电场强度;r 为振幅反射系数(amplitude reflection coefficient);t 为振幅透射系数(amplitude transmission coefficient)。另一方面,对强度的描述也很常见,即

$$R = \frac{I_r}{I_0}, \quad T = \frac{I_t \cos\theta_t}{I_0 \cos\theta_0} \tag{4.21}$$

式中:I_0、I_r 和 I_t 分别为入射波、反射波和透射波的强度;θ_0 和 θ_t 分别为入射角和折射角;R 是反射率;T 是透射率。与表面法线的夹角包含在透射率的关系中,因为光线在界面上的投影面随角度的不同而改变。

方程(4.20)和方程(4.21)中的值及它们之间最重要的关系将在 4.4.1 节中描述。在界面或介质中的吸收在这里也可以忽略,材料的磁性也可以忽略。因此,总是假定在这两种介质中,磁化率 $\mu = 1$ 是成立的。

4.4.1 菲涅耳方程

对反射系数和透射系数的完整描述,在各种差异巨大的材料中都是成立的,都可以用菲涅耳方程(Fresnel equations)来表示。对于平面波入射到光滑界面,这些方程可以直接由界面上电场和磁场的连续性条件导出。连续性条件直接由麦克斯韦方程组得到,这里不详细介绍推导过程。

特别地,菲涅耳方程描述了反射和透射的偏振依赖关系。为此,选择 s 偏振(s-polarization)和 p 偏振(p-polarization)作为独立的偏振方向,有

$$\begin{cases} \vec{E} \perp 入射面 \rightarrow s 偏振, \quad r_\perp, t_\perp \\ \vec{E} \parallel 入射面 \rightarrow p 偏振, \quad r_\parallel, t_\parallel \end{cases} \tag{4.22}$$

式中:下标 $\perp$ 和 $\parallel$ 表示电场矢量相对于入射平面(plane of incidence)的方向(见图 4.6)。入射面是由入射波和反射波的传播方向所跨越的平面,因此它总

是垂直于界面。从这两个偏振方向出发,可以用叠加法构造其他偏振。对于 s 偏振,由振幅反射系数和透射系数可以得到菲涅耳方程,即

$$r_\perp \equiv \left(\frac{E_r}{E_0}\right)_\perp = \frac{n_1\cos\theta_1 - n_2\cos\theta_2}{n_1\cos\theta_1 + n_2\cos\theta_2}, \quad t_\perp \equiv \left(\frac{E_t}{E_0}\right)_\perp = \frac{2n_1\cos\theta_1}{n_1\cos\theta_1 + n_2\cos\theta_2}$$

$$(4.23)$$

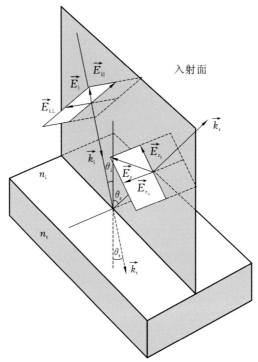

图 4.6 光波射到界面的几何形状。这三个波向量都在入射面内。电场矢量垂直于波矢,分解成垂直于入射平面或平行于入射平面的部分

对于 p 偏振,其菲涅耳方程为

$$r_\parallel \equiv \left(\frac{E_r}{E_0}\right)_\parallel = \frac{n_2\cos\theta_1 - n_1\cos\theta_2}{n_1\cos\theta_2 + n_2\cos\theta_1}, \quad t_\parallel \equiv \left(\frac{E_t}{E_0}\right)_\parallel = \frac{2n_1\cos\theta_1}{n_1\cos\theta_2 + n_2\cos\theta_1}$$

$$(4.24)$$

根据菲涅耳方程,振幅反射系数和透射系数分别如图 4.7 和图 4.8 所示。

垂直入射光(vertical incident light)的反射系数和透射系数是重要的极限,即

$$\theta_1 = 0 \Rightarrow r_\parallel = -r_\perp = \frac{n_2 - n_1}{n_2 + n_1}, \quad t_\parallel = t_\perp = \frac{2n_1}{n_2 + n_1}$$

$$(4.25)$$

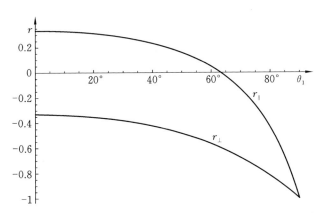

图 4.7 根据菲涅耳方程得到的振幅反射系数($n_1=1, n_2=2$),负号表示反射时有 π 的相位跳变

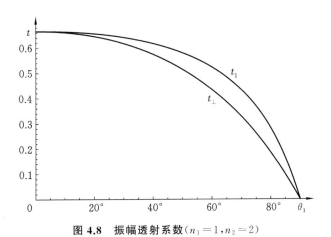

图 4.8 振幅透射系数($n_1=1, n_2=2$)

式中:负号意味着光波经历了大小为 π 的相位增长

$$\vec{E}_0 \sim \cos(\vec{k}_0\vec{x}-\omega t) \rightarrow \vec{E}_r \sim \cos(\vec{k}_r\vec{x}-\omega t+\pi) \qquad (4.26)$$

一般情况下,对于入射角,有

$$t_\perp - r_\perp = 1 \quad \forall \theta_1 \qquad (4.27)$$

而 p 偏振的类似关系是有效的,但只与垂直入射有关,即

$$\theta_1 = 0 \Rightarrow t_\parallel + r_\parallel = 1 \qquad (4.28)$$

4.4.2 反射率和透射率

在大多数实际应用中,与场强相比,光强度是更重要的参数。较好的方法是用强度来构建反射和透射公式。这是通过反射率(reflectance)和透射率(transmittance)来实现的(见式(4.21))。

光强度描述的是单位时间穿过横截面积 A 的光波所传输的能量。入射光束在界面上的截面积可以用 A 在入射角 θ_1 下的投影表示：$A\cos\theta_1$。入射到界面的功率是这个投影区域的面积与入射强度的乘积。对反射光束和透射光束也是如此。

　　反射率和透射率分别定义为反射功率或透射功率与入射功率之比，即

$$R \equiv \frac{I_r A\cos\theta_1}{I_0 A\cos\theta_1} = \frac{I_r}{I_0}, \quad T \equiv \frac{I_t A\cos\theta_2}{I_0 A\cos\theta_1} = \frac{I_t\cos\theta_2}{I_0\cos\theta_1} \tag{4.29}$$

余弦项不适用于反射率，因为反射角总是与入射角相等。

　　根据场强，光强度由

$$I = \frac{\varepsilon_0 \varepsilon c}{2}|E|^2 = \frac{\varepsilon_0 c_0 n}{2}|E|^2 \tag{4.30}$$

给出，因为 $c = \dfrac{c_0}{n}, n = \sqrt{\varepsilon}$。

　　这样，R 和 T 就可以用振幅系数 r 和 t 来表示。

$$R_{\perp,\parallel} = \frac{n_1 |E_r|^2}{n_1 |E_0|^2} = r_{\perp,\parallel}^2, \quad T_{\perp,\parallel} = \frac{n_2 |E_t|^2\cos\theta_2}{n_1 |E_0|^2\cos\theta_1} = \frac{n_2\cos\theta_2}{n_1\cos\theta_1}t_{\perp,\parallel}^2$$

$$\tag{4.31}$$

　　图 4.9 绘制了反射率和入射角的关系。由式（4.31）中的关系可知，对于每个入射角，均满足

$$R_\perp + T_\perp = 1, \quad R_\parallel + T_\parallel = 1 \tag{4.32}$$

这是能量守恒的表达式。因为在没有吸收的情况下，光能必须完全被分解成反射能和透射能。

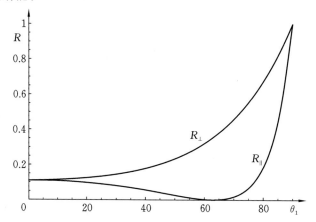

图 4.9　s 偏振和 p 偏振的反射率与入射角的关系（$n_1 = 1, n_2 = 2$）

对于垂直入射,有

$$\theta_1=0\Rightarrow R_\perp=R_\parallel=\left(\frac{n_2-n_1}{n_2+n_1}\right)^2, \quad T_\perp=T_\parallel=\frac{4n_1n_2}{(n_2+n_1)^2} \quad (4.33)$$

因此,垂直射到玻璃板上的光大约被反射 $4\%(n_1=n_{\mathrm{air}}=1,n_2=n_{\mathrm{glass}}=1.5)$。

4.4.3 布儒斯特角

具有技术意义的是振幅反射系数在 p 偏振特定角度下切割零线的特性(见图 4.7):对于这个角度的 p 偏振光,没有反射,光完全透射。这个角称为偏振角(polarization angle)或者布儒斯特角(Brewster angle)θ_B,即

$$\theta_1=\theta_\mathrm{B}\Rightarrow r_\parallel=0\rightarrow R_\parallel=0, \quad T_\parallel=1 \quad (4.34)$$

这种特性一方面用于偏振光,一方面通过使用按照布儒斯特角排列的玻璃板,即所谓的布儒斯特窗,在低损耗下对 p 偏振光进行耦合输出。

布儒斯特角恰好位于折射光束和反射光束形成直角的位置,即

$$\theta_1=\theta_\mathrm{B}:\theta_1+\theta_2=90° \quad (4.35)$$

在这个角度下反射光的消失可以用激发偶极子的发射特性来解释(见图 4.10)。入射光波迫使下层材料中原子的电子在原子核周围振荡;原子可以用振荡偶极子来描述。振荡方向与入射波的偏振方向相对应,即位于 p 偏振光的入射平面内。与微型发射天线一样,振荡偶极子发射的辐射主要垂直于其振荡轴,平行于振荡轴的方向不产生辐射。对于布儒斯特角下入射的 p 偏振波,振荡轴恰好指向反射方向。由于辐射不发生在这个方向,就不能产生反射波。

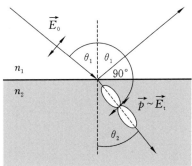

图 4.10 入射光在布儒斯特角下的折射。材料中原子的偶极矩与折射波的电场平行振荡。因为它们只发射垂直于振荡轴的辐射,所以如果折射波与反射波的夹角为 $90°$,则反射波消失

4.5 基本光学元件

几何光学基于"光线以直线传播"这一思想。在不同材料的界面上，我们可以应用反射定律或折射定律。在此基础上，可以描述不同光学元件（如透镜、反射镜或棱镜）。

假设光线在空气中传播，其折射率$n_0 \cong 1$，光学元件的折射率$n > 1$。

4.5.1 棱镜折射

棱镜由两个相互倾斜的界面组成（见图 4.11）。光线通过棱镜时偏转角度为δ，偏转量取决于折射率n和棱镜的顶角γ。

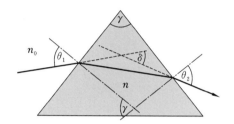

图 4.11　光线通过棱镜的路径

运用斯内尔定律，偏转角δ和入射角θ_1有关，即

$$\delta = \theta_1 - \gamma + \arcsin\left(\sin\gamma \cdot \sqrt{\frac{n^2}{n_0^2} - \sin^2\theta_1} - \cos\gamma \cdot \sin\theta_1\right) \tag{4.36}$$

当光线对称通过棱镜，即$\theta_1 = \theta_2 = \theta_{\text{sym}}$时，偏转最小，因此有

$$\begin{cases} \theta_{\text{sym}} = \arcsin\left(\dfrac{n\sin\gamma}{n_0\sqrt{1+2\cos\gamma}}\right) \\ \delta = \gamma + 2\theta_{\text{sym}} - 180° = 2\arcsin\left(\dfrac{n}{n_0}\sin\dfrac{\gamma}{2}\right) - \gamma \end{cases} \tag{4.37}$$

成立。

对薄透镜和接近垂直入射的情况，式（4.36）可简化为

$$\delta \cong \left(\frac{n}{n_0} - 1\right) \cdot \gamma \tag{4.38}$$

一般来说，折射率n是波长的函数，这种特性称为色散（dispersion）。对于正常色散（normal dispersion），n随着波长的增加而减小。[④] 波长较短的光

---

④　还有反常色散，折射率随着波长的增长而增加。

在棱镜中的偏转程度大于波长较长的光的偏转程度。因此,棱镜可以用于多色光的光谱分析,而光谱分辨率为

$$\frac{\lambda}{\Delta\lambda}=L_{\text{eff}} \cdot \frac{\mathrm{d}n}{\mathrm{d}\lambda} \tag{4.39}$$

式中:$\frac{\lambda}{\Delta\lambda}$ 为光谱分辨率;L_{eff} 为棱镜的有效(受照)基长;$\frac{\mathrm{d}n}{\mathrm{d}\lambda}$ 为棱镜的材料色散。

式(4.39)表明在波长 λ 处,两条光谱线之间至少有多大的间隔 $\Delta\lambda$,它们才能够被分辨出来。

4.5.2 薄透镜

透镜是由曲面构成的通光元件,通常这些曲面是球面[⑤]。这里要把凸曲面和凹曲面区分开来:凹曲面弯曲方向和凸曲面的相反,凹曲面沿光线传播方向弯曲。根据定义,传播方向为光轴的正方向。因此,凸曲面的曲率半径为正,凹曲面的曲率半径为负(见图 4.12)。

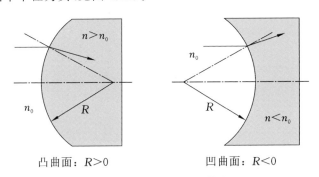

凸曲面:$R>0$ 凹曲面:$R<0$

图 4.12　凹曲面、凸曲面的定义

根据两个界面的形状,可以将透镜分为六种几何结构:双凸透镜、双凹透镜、平凸透镜、平凹透镜、正弯月透镜及负弯月透镜(见图 4.13)。然而,透镜只有两个不同的功能,即作为会聚透镜(converging lens)或发散透镜(diverging lens)。这两种透镜之间的区别很简单,会聚透镜的中间比边缘厚,而发散透镜的中间较薄。[⑥]

在理论上处理光学问题时,每个透镜的特性在于其对光束的影响。因此,透镜的几何结构并不重要,只有会聚透镜和发散透镜之间才有区别。实际上,

---

⑤　正如后面在像差那一节中讨论的那样,球面只代表了一个接近真实的、理想的抛物线形式的透镜,用球形透镜的原因在于制造简单。

⑥　只要透镜材料的折射率大于其周围环境的折射率,这条规则就成立。

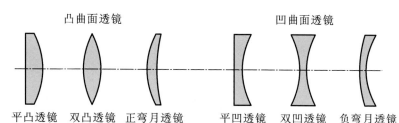

图 4.13　六种几何结构的透镜

出于技术上的原因,某些几何形状是首选的。不同的几何透镜在成像误差(imaging errors)方面也可能不同(见 4.7 节)。

首先,本节将介绍薄透镜的折射。这里,"薄"意味着透镜中的光程 $n \cdot d$ 相对于球面的曲率半径而言可以忽略。在几何上,透镜可以被使光线产生折射的平面所取代,这个平面称为透镜主平面(principal plane)。透镜主平面的构造如图 4.14 所示。

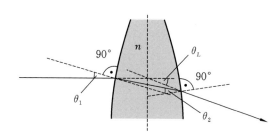

图 4.14　主平面位置的构造:位于入射光线与折射光线相交处

通过在入射面或出射面作各自的切线,可以在光线通过透镜的那一点用棱镜代替薄透镜。根据式(4.38),可得折射角 δ 为

$$\delta = \gamma \cdot (n-1) \tag{4.40}$$

此外,从图 4.15 中可知

$$\delta = \phi_1 + \phi_2 \tag{4.41}$$

对于近轴光线(paraxial rays),ϕ_1、ϕ_2、γ 都很小,因此其近似值为

$$\phi_1 = \frac{h}{g}, \quad \phi_2 = \frac{h}{b}, \quad \gamma = \frac{h}{R_1} - \frac{h}{R_2} \tag{4.42}$$

式中:g 为物距;b 为像距。

将式(4.41)和式(4.42)代入式(4.40)得

$$\frac{1}{g} + \frac{1}{b} = (n-1)\left(\frac{1}{R_1} - \frac{1}{R_2}\right) \tag{4.43}$$

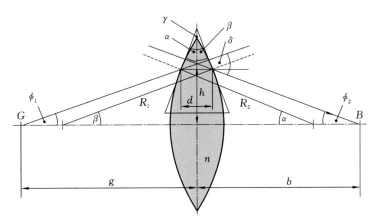

图 4.15　薄透镜的折射角的示意图

式中：R_1 和 R_2 为透镜表面曲率半径；n 为透镜材料的折射率。

对于近轴光线，这意味着 $\phi_1=0$ 或 $g\to\infty$，像距为常数，有

$$g\to\infty:\frac{1}{b}\equiv\frac{1}{b_\infty}=(n-1)\left(\frac{1}{R_1}-\frac{1}{R_2}\right)=:\frac{1}{f} \tag{4.44}$$

式中：f 为透镜焦距（focal length），焦点（focal point）位于距透镜 f 处，所有的近轴入射光线都会经过光轴。对称地，第二个焦点位于透镜的另一侧，距透镜 $-f$ 处。由式（4.43）可得薄透镜的基本透镜方程（fundamental lens equation for thin lenses）为

$$\frac{1}{g}+\frac{1}{b}=\frac{1}{f} \tag{4.45}$$

式（4.45）完全描述了薄透镜的几何光学成像行为，仅需要焦距 f 来刻画透镜的特征。

从式（4.44）中的定义可以看出，焦距可以是正的，也可以是负的（见图 4.15）。

$$\begin{cases} R_1>0,R_2<0 \text{ 或 } R_1>0,R_2>0,R_2>R_1 \text{ 或 } R_1<0,R_2<0,R_2<R_1\Rightarrow f>0 \\ R_1<0,R_2>0 \text{ 或 } R_1<0,R_2<0,R_2>R_1 \text{ 或 } R_1>0,R_2>0,R_2<R_1\Rightarrow f<0 \end{cases}$$
$$\tag{4.46}$$

如果 $f>0$，那么焦点位于透镜后面。所有的近轴入射光线都在这里相交，这意味着光就是在这里聚焦的，说明其为会聚透镜。相反，如果 $f<0$，那么焦点位于透镜前面。将近轴入射光线通过透镜反向延伸，相交在这一点上，因此，近轴入射光线在透镜后面发散，说明其为发散透镜。

构造几何光路时，薄透镜用其主平面（principal plane）表示。选择这个主

平面，可以将在透镜两个表面的折射等效整合成在这个主平面上的方向变化。此外，透镜的焦距 f 必须已知。

从一个物点开始，可以直接构造三条光线（见图 4.16）。

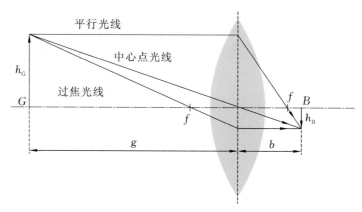

图 4.16　用会聚透镜对物体 G 成像，B 为实像

（1）来自物点的平行光线（parallel ray）按平行于光轴的方向传播，它在主平面上折射，穿过焦点 f [7]。

（2）从目标点发出的中心点光线（center point ray）与主平面上的光轴正好相交，这意味着它穿过透镜的中心点。这条光线完全没有折射，它正好穿过主平面。显而易见，每条光路都是可逆的。

（3）过焦点的光线（focal ray）与平行光线正好相反。从目标点发出，它与光轴在第二个焦点 f 处相交。它在主平面上发生折射，穿过透镜后平行于光轴。

要构造物点对应的像点，两条光线就足够了。

从基本透镜方程（见式（4.45））可以看出，根据选择的物距 g [8] 和焦距 f，像距 b 可以为负，即

$$f>0,g<f \quad 或 \quad f<0 \Rightarrow b<0 \tag{4.47}$$

在这种情况下，像为虚像。但当 b 为正数时，像为实像。对于实像，在像的位置有物体的像，可以通过照亮照相板来记录图像。相反，对于虚像，则不能在像的位置捕捉到物体的像。但是，当使用附加透镜时，可对虚像进行成像而生成实像。因此，如果通过透镜看，虚像对人眼是可见的，透镜在眼睛中形成的

---

[7]　在发散透镜中，光束的反向延长线必须通过焦点，因为它位于物体的一侧且 $f<0$。
[8]　物距总是正的。

虚像在视网膜上形成实像。例如,可用这个原理来设计放大镜。

成像的垂轴放大率(lateral magnification)定义为图像尺寸与物体尺寸的比值关系(见图 4.17):

$$V = \frac{h_B}{h_G} = -\frac{b}{g} \qquad (4.48)$$

式中:h_G 为物体大小;h_B 为图像大小。

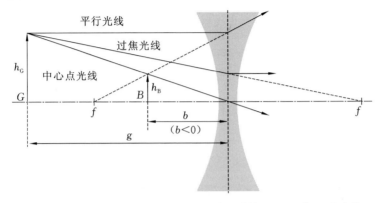

图 4.17 用发散透镜对物体 G 成像。在这种情况下,图像 B 为虚像

将式(4.45)代入,式(4.48)变为

$$V = \frac{-f}{g - f} \qquad (4.49)$$

这意味着垂轴放大率只取决于物距和焦距。当 $V > 0$ 时,图像是正向的;当 $V < 0$ 时,图像是反向的。

4.5.3 厚透镜

对于厚透镜,光线在透镜中的光程不能再被忽略。可通过引入两个主平面来考虑这一点(见图 4.18)。

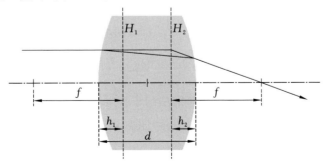

图 4.18 厚透镜。焦距是从较近的主平面测量的。折射是在第二个主平面 H_2 上进行的

透镜对光的偏转是通过在每个后部主平面的折射来描述的。焦距、物距和像距从相邻的主平面测量。

根据这些假设,光学方程(4.45)仍然成立,而焦距为

$$\frac{1}{f} = (n-1) \cdot \left[\left(\frac{1}{R_1} - \frac{1}{R_2} \right) + \frac{n-1}{n} \frac{d}{R_1 R_2} \right] \tag{4.50}$$

式中:d 为透镜的厚度。

式(4.50)的第一部分对应于薄透镜焦距的定义,第二部分受透镜厚度因素的影响。主平面的位置由它们到每个透镜表面顶点的距离 $h_{1,2}$ 决定。

$$h_{1,2} = \frac{fd}{R_{1,2}} \frac{1-n}{n} \tag{4.51}$$

用厚透镜成像,可以使用与薄透镜相同的光线轨迹。在两个主平面之间,连接前后两条光线的线段是互相平行的(见图4.19)。

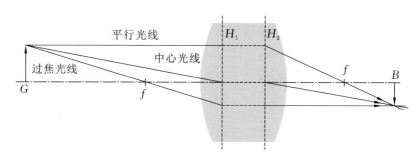

图 4.19   通过厚透镜的光线轨迹的构造

4.5.4   球曲面镜

在几何光学中,光线总是沿着光轴传播的,只有通过平面镜反射才能改变光轴的方向。每一个光学系统都可以"折叠",这样光线就可以沿着一条固定的线传播。要做到这一点,只需移除镜子,或者将其换成带有相应开口的光圈即可。

除了重新定向光轴外,曲面镜还产生光学图像。为了获得连续的光轴,必须用具有相同成像特性的光学传输元件替换反射镜。用一个薄的球面透镜代替球曲面镜。

如果到光轴的距离 h 与反射镜的曲率半径 R 相比较小,那么光线就以与光轴较小的夹角 θ 入射到反射镜表面,并且有

$$\theta \cong \sin\theta = \frac{h}{R} \tag{4.52}$$

根据反射定律(见式(4.16)),光线的反射角与入射角相同,因此反射光线与光轴的夹角为 2θ,并在 Δz 距离处与光轴相交(见图 4.20),有

$$\Delta z = \frac{h}{2\theta} = \frac{R}{2} \equiv -f \qquad (4.53)$$

这是未考虑符号时球面镜的焦距。对于 R 的符号,由先前已知定义,凸面的曲率半径为正,凹面的曲率半径为负。然后,根据式(4.53)中焦距的定义,曲率半径为 R 的球面镜可以直接替换为焦距为 f 的薄透镜。

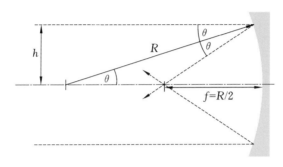

图 4.20   球面镜的反射

4.6   几何光学的矩阵形式

几何光学中光线的传播和成像可以用更加严谨的矩阵形式来表示。

在假设所有光学元件关于其光轴旋转对称的前提下,确定其到光轴的距离 h 和倾斜角 θ,则在每个点上可以完整地描述光线。对于从 $P_1(h_1, \theta_1)$ 到 $P_2(h_2, \theta_2)$ 的通过路径 Δz 的未受影响的传播,当光线与光轴夹角较小时,有

$$\begin{cases} h_2 = h_1 + \Delta z \cdot \theta_1 \\ \theta_2 = \theta_1 \end{cases} \qquad (4.54)$$

如果 h_1、h_2 和 θ_1、θ_2 组合成矢量,则式(4.54)可以表示为矩阵方程,即

$$\begin{pmatrix} h_2 \\ \theta_2 \end{pmatrix} = \begin{bmatrix} 1 & \Delta z \\ 0 & 1 \end{bmatrix} \cdot \begin{pmatrix} h_1 \\ \theta_1 \end{pmatrix} \qquad (4.55)$$

在几何光学中,每一幅图像都有着自身特定的光线传输矩阵(ray transfer matrices),即

$$\vec{r}_2 = \boldsymbol{M} \cdot \vec{r}_1 \qquad (4.56)$$

式中:$\vec{r}_i = \begin{pmatrix} h_i \\ \theta_i \end{pmatrix}$,$i = 1, 2$。

表 4.1 列出了常见光学系统光线传输矩阵。

表 4.1　常见光学系统光线传输矩阵

序号	光学系统		光线传输矩阵
1	长度为 d 的均匀介质		$M = \begin{bmatrix} 1 & d \\ 0 & 1 \end{bmatrix}$
2	介质的平面界面上的折射	n_1　n_2	$M = \begin{bmatrix} 1 & 0 \\ 0 & \dfrac{n_1}{n_2} \end{bmatrix}$
3	介质的球面界面上的折射	n_1　n_2　R	$M = \begin{bmatrix} 1 & 0 \\ \dfrac{1}{R}\left(1-\dfrac{n_1}{n_2}\right) & \dfrac{n_1}{n_2} \end{bmatrix}$
4	透镜	f	$M = \begin{bmatrix} 1 & 0 \\ -\dfrac{1}{f} & 1 \end{bmatrix}$
5	空气—透镜—空气	d_1　d_2　f	$M = \begin{bmatrix} 1-\dfrac{d_2}{f} & d_1+d_2-\dfrac{d_1 d_2}{f} \\ -\dfrac{1}{f} & 1-\dfrac{d_1}{f} \end{bmatrix}$
6	球面镜上的反射	R	$M = \begin{bmatrix} 1 & 0 \\ -\dfrac{2}{R} & 1 \end{bmatrix}$
7	空气—球面镜—空气	d_1　d_2　R	$M = \begin{bmatrix} 1-\dfrac{2d_2}{R} & d_1+d_2-\dfrac{2d_1 d_2}{R} \\ -\dfrac{2}{R} & 1-\dfrac{2d_1}{R} \end{bmatrix}$

续表

序号	光学系统		光线传输矩阵
8	空气—透镜—空气—透镜		$$M=\begin{bmatrix} 1-\dfrac{d_2}{f_1} & d_1+d_2-\dfrac{d_1 d_2}{f} \\ -\dfrac{1}{f_1}-\dfrac{1}{f_2}+\dfrac{d_2}{f_1 f_2} & 1-\dfrac{d_1}{f_1}-\dfrac{d_1+d_2}{f_2}+\dfrac{d_1 d_2}{f_1 f_2} \end{bmatrix}$$
9	m 个相同透镜的组合		$$M=\begin{bmatrix} A & d\cdot B \\ -\dfrac{B}{f} & A-\dfrac{d}{f}B \end{bmatrix}$$ $$A=\sin(m\varphi)-\sin[(m-1)\varphi]$$ $$B=\sin(m\varphi)$$ $$\cos\varphi=1-d/(2f)$$
10	具有平面界面的介质中的折射		$$M=\begin{bmatrix} 1 & \dfrac{n_1 d}{n_2} \\ 0 & 1 \end{bmatrix}$$
11	厚透镜	$R_1>0,\ R_2<0,$ $n_2>n_1$	$$M=\begin{bmatrix} 1+\dfrac{h_2}{f} & L\dfrac{n_1}{n_2} \\ -\dfrac{1}{f} & 1-\dfrac{h_1}{f} \end{bmatrix}$$ $$h_{1,2}=\dfrac{fL}{R_{2,1}}\dfrac{n_1-n_2}{n_2}$$ $$\dfrac{1}{f}=\dfrac{n_2-n_1}{n_1}\left(\dfrac{1}{R_1}-\dfrac{1}{R_2}+\dfrac{n_2-n_1}{n_2}\dfrac{L}{R_1 R_2}\right)$$
12	热透镜		$$n_2=n_1(1+\varepsilon r^2)$$ $$M=\begin{bmatrix} 1+\varepsilon L^2 & L/n_1 \\ 2\varepsilon L n_1 & 1+\varepsilon L^2 \end{bmatrix}$$

光线通过几个光学元件后,通过将光线轨迹中各个元件的光线传输矩阵相乘来计算光线路径,即

$$\vec{r}_n=M_n\cdot M_{n-1}\cdots M_2\cdot M_1\cdot \vec{r}_1 \tag{4.57}$$

式中:$\vec{r}_1$ 为起始点;$\vec{r}_n$ 为终止点。

这样,即使是复杂光学系统,其成像行为也可以被确定。

4.7 像差

在前述的光线传播规律中,对近轴光线已经做了合理近似:

(1) 相对于光轴只是一个小角度;

(2) 相对于光轴只有一段小距离;

(3) 单色光。

越不满足这些条件,畸变就越强。这些畸变是自然出现的,它们表达了实际光线路径与近轴光线的几何光学模型的偏差。在这里还没有考虑到技术偏差(错位等原因引起的偏差)。

色差(chromatic aberration)⑨和单色像差(monochromatic aberration)⑩是有区别的。色差的产生是因为折射率 n 是光频率的函数,单色光也会出现单色像差。像差有两种不同的效果:有的像差使图像模糊,有的像差使图像扭曲。

在大多数情况下,近轴描述基于这样一个假设:$\sin\theta$ 可以用 θ 代替,并且具有足够的精度。无论如何,随着正弦函数的泰勒展开,这一描述会变得更加精确,即

$$\sin\theta = \theta - \frac{\theta^3}{3!} + \frac{\theta^5}{5!} - \frac{\theta^7}{7!} + \cdots \tag{4.58}$$

与一阶理论的偏差在于三阶的五个单色像差(monochromatic aberrations of the third order):

(1) 球差,

(2) 彗差,

(3) 像散,

(4) 场曲,

(5) 畸变。

这些像差的第一个完整的代数表示可以追溯到赛德尔⑪,这就是这些像差称为赛德尔像差(Seidel's aberrations)的原因。

式(4.58)中的余项导致了更高阶的像差,然而,这些高阶像差的重要性越来

---

⑨ 色差(希腊语)是有颜色的,单色像差是没有颜色的。

⑩ 像差(拉丁文):偏差,误差。

⑪ 赛德尔:1821—1896 年。

越小。当通过适当的措施纠正了三阶误差时,五阶误差也会产生一定的影响。

一般来说,由几何光学可知,像差可以理解为,对于每一束来自目标点的光线,真实像点的位置与理想像点位置的偏差(见图 4.21)。垂轴偏差 Δx 和 Δy 可以用通过透镜的光线的相交点的位置 (r, φ) 和物点的位置 $(0, y_0)$ 来分别表示,即

$$\begin{cases} \Delta x = Br^3 \sin\varphi - 2Fr^2 y_0 \sin\varphi \cos\varphi + Dr y_0^2 \sin\varphi \\ \Delta y = Br^3 \cos\varphi - 2Fr^2 y_0 (1 + \cos^2\varphi) + (2C+D) r y_0^2 \cos\varphi - E y_0^3 \end{cases} \tag{4.59}$$

式中:$(0, y_0)$ 为物点位置;(r, φ) 为通过透镜的光线相交的点的位置;$(\Delta x, \Delta y)$ 为真实像点与理想像点的偏差;B、C、D、E、F 为赛德尔系数。

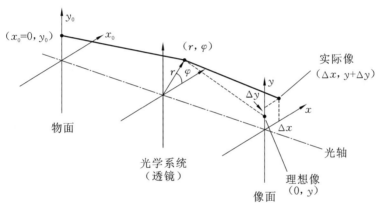

图 4.21　物点在光学系统后面的像平面上成的像。根据几何光学原理,
像差导致了实际图像比理想图像偏移 $(\Delta x, \Delta y)$

式(4.59)中的项按 r 中的乘方排序,使光轴沿 z 轴方向来选取坐标系,物点在 y 轴上。赛德尔系数是每个光学系统的特定常数,讨论像差时并不需要知道它们的数值。

4.7.1　球差

在 4.5.2 节中已经指出,普通透镜的球形仅代表一种对理想的抛物型或双曲型的近似——这种选择与生产有关。使用 $\sin\theta \approx \theta$ 这个近似,因此在一阶,两种形式一致。非近轴光线以较大的角度照射在曲面上,与理想形态的偏离较为明显:穿过透镜,与光轴较远的光线不相交于近轴光线的焦点。这种偏差称为球面像差(球差,spherical aberration),它会对整体产生如下的像差:

$$\begin{cases} \Delta x = Br^3 \sin\varphi \\ \Delta y = Br^3 \cos\varphi \end{cases} \tag{4.60}$$

如果边缘光线与近轴光线在光轴上的交点位于焦点前,即存在正球差(positive spherical aberration),通常在会聚透镜中出现,如图 4.22 所示。另一种情况,边缘光线与近轴光线在光轴上的交点位于焦点后,即存在负球差(negative spherical aberration),通常在发散透镜中出现。

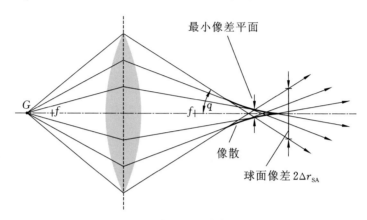

图 4.22   会聚透镜的球面像差

球差使物点不能在焦点上形成一个像点,而是形成一个光斑,光斑直径 Δr_{SA} 随光斑到透镜的距离变化而变化,即

$$\Delta r_{SA} \sim \theta^3 \approx \left(\frac{r}{\Delta z}\right)^3 \tag{4.61}$$

式中:Δz 为光斑到透镜的距离。

折射光线的包络称为发散曲线(caustic)(见图 4.22)。通过边缘光线与发散曲线的交点,确定光斑直径最小的位置,即为观察图像的最好位置。

很明显,缩小透镜的口径可以减小球面像差,因为像差(光斑直径)正比于 r^3。但是也由此看出,通过透镜的光量减少了。另一种减小球差的方法是选择适当的会聚透镜和发散透镜进行组合。

4.7.2   彗差

彗差,也称为不对称像差,是一种使图像劣化的像差,出现在光轴外的物点上。产生彗差的原因是透镜的主面只能在近轴区域被视作平面,但实际上主面是弯曲的,这就导致在与透镜中心不同的距离 r 下光线的放大倍数不同。如果边缘光线的放大倍数最小,彗差为负值;反之,如果边缘光线的放大倍数最大,则彗差为正值。

彗差可描述为

$$\begin{cases} \Delta x = -2Fr^2 y_0 \sin\varphi \cos\varphi = -Fr^2 y_0 \sin 2\varphi \\ \Delta y = -2Fr^2 y_0 (1 + \cos^2\varphi) = -Fr^2 y_0 (3 + \cos 2\varphi) \end{cases} \tag{4.62}$$

锥状图像是彗差的典型形状,它产生一个单一的物点。穿过透镜的光线在一个半径为 r 的环上形成一个环形像,整体形成一个图像,其位置和半径与 r 成正比,环形成一个圆锥,其顶点由主光线形成(见图 4.23)。

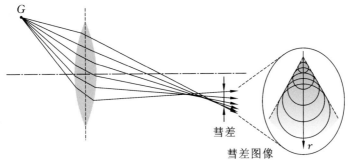

图 4.23 彗差的形成及彗差图像。物点成像为一个圆锥,正彗差时,圆锥的顶点指向光轴;负彗差时,锥体的顶点指向外侧

4.7.3 像散

像散(astigmatism)[12]也是一种像差,像点并不出现在光轴上。它对总体像差的贡献与场曲(field curvature)一起(见下一节)用式(4.63)来描述。

$$\begin{cases} \Delta x = Dry_0^2 \sin\varphi \\ \Delta y = (2C + D)ry_0^2 \cos\varphi \end{cases} \tag{4.63}$$

像散是指光线从相同的物点发出,以相同的距离 r 穿过透镜,以不同的角度进入透镜,从而产生不同的折射。

为了简化描述,沿传播方向定义两个相互正交的平面:子午面(meridional plane)由光轴和物点发出的主光线扩展而成,弧矢面(sagittal plane)为包含主光线并且垂直于子午面的平面。

弧矢面内的光线对称地穿过透镜,当不考虑球差时,它们聚焦在一个焦点上。子午面上的光线不对称地射入透镜,因此聚焦于另一点。当使用会聚透镜时,子午光线的入射角会增大,与球面像差的边缘光线一样,它们聚焦在更靠近透镜的一点上。当使用发散透镜时,会出现相反的效果,子午光线的焦点

---

⑫ 像散(希腊语):不在一个点上。

离透镜更远,物点成像为一个椭圆,椭圆在每个焦点上缩小为一条直线。在子午面光线的焦点上,这个直线垂直于子午面;在弧矢面光线的焦点上,直线垂直于弧矢面。在两个焦点之间的平面上,目标点在圆上成像,如图 4.24 所示。

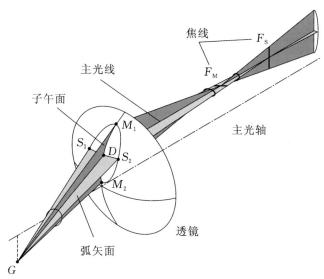

图 4.24　像散的形成。弧矢面以浅色表示,子午面以深色表示。
D 是穿过透镜的主光线与透镜的交点

4.7.4　场曲

场曲(field curvature)与像散密切相关。场曲形成的原因是焦点到透镜的距离取决于光束入射到透镜的倾角。因此,物点与透镜的距离相同,但与光轴的距离不同,可以在曲面上得到清晰的像。相反,如果在平面屏幕上投影成像,边界区域和中心区域不会同时得到清晰的像。

图像场曲率以匈牙利数学家约瑟夫·马克思·佩茨瓦尔的名字命名为佩茨瓦尔场曲率(Petzval field curvature)。对于会聚透镜,图像的边界区域是向透镜一侧弯曲的,而对于发散透镜,图像的边界则是向透镜另一侧弯曲的。用反曲率场曲平面透镜(field curature flattening lens)可校正场曲。

4.7.5　畸变

最后,一个三阶像差是由垂轴放大率 V 对物体到光轴距离的依赖性引起的,这种不同的放大倍数在整体上表现为图像的失真(见图 4.25)。这种像差可以描述为

$$\begin{cases} \Delta x = 0 \\ \Delta y = -E y_0^3 \end{cases} \tag{4.64}$$

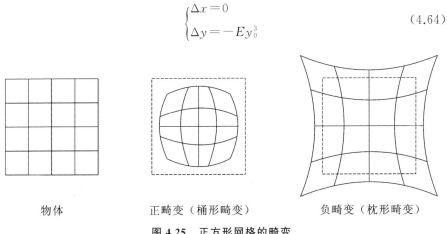

物体　　　　　　正畸变（桶形畸变）　　　　负畸变（枕形畸变）

图 4.25　正方形网格的畸变

对于正畸变或者说桶形畸变（positive or pincushion distortion），最外侧的点的放大率最大，这意味着像到光轴的距离相对增大。相反，对于负畸变或者说枕形畸变（negative or barrel distortion），放大率随着到光轴的距离增大按比例缩小，对于非常靠近光轴的点，放大率是最大的。

像彗差和像散一样，在光路上放置一个光阑会影响畸变。光阑可以显著减少彗差，而对畸变的影响取决于光阑的位置：光阑距离透镜越远，畸变越明显（见图 4.26）。

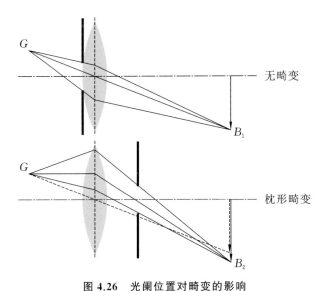

图 4.26　光阑位置对畸变的影响

畸变可以通过将两个透镜对称排列，光阑放在两透镜中心来抵消。这样，单个透镜的畸变会相互抵消。

4.7.6 色差

到目前为止，只介绍过单色像差，它反映了与近轴光线理论的偏差，并且出现在单色光中。此外，多色[13]光也存在色差，这些色差甚至可以说比单色像差更严重。

色差是色散（dispersion）引起的，色散是由折射率对波长的依赖性造成的。根据式(4.44)，透镜的焦距与折射率是线性相关的。因此，如果折射率改变，那么透镜在不同波长下呈现不同的焦距。正如4.5.1节中所述的棱镜一样，多色光被分解成各颜色的光（见图4.27）。当一个点被透镜成像时，就会产生彩色的同心环。当测量一个特定的波长间隔时，这些环的半径称为轴向色差。

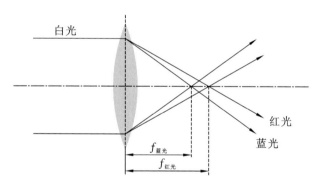

图 4.27 色差。对不同波长，透镜有不同焦距

色差可以通过适当将透镜进行组合来补偿。为此，常用两种由不同的材料制成的、分别具有不同色散特性的透镜。通过选择合适的材料和焦距，可以得到很好的色差补偿，相应的矫正透镜系统称为消色差透镜（achromat）。

4.7.7 衍射极限

本书讨论像差的产生不是基于近轴光线的近似，而是基于几何光学最基本的近似：忽略波长。4.1节和4.2节已经指出了几何光学的局限性，这种近似只有在成像物体的尺寸明显大于波长时才成立。

在几何光学成立的区域，衍射效应是次要的。因此，可以把它们看作一种

---

⑬ 多色（希腊语）：五彩缤纷的。

更复杂的像差。衍射引起的像差(aberration due to diffraction)与光的孔径角成反比,当孔径角很小时,会导致图像模糊。如图 4.28 所示,衍射图样(diffraction pattern)也称为艾里斑(Airy disk),它是小孔所成的像,其半径为

$$\Delta r_{B}=\frac{\lambda}{2\theta} \tag{4.65}$$

式中:Δr_{B} 为艾里斑半径;θ 为孔径角;λ 为波长。

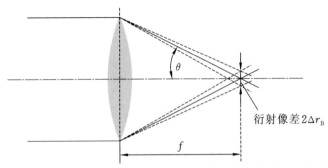

图 4.28　衍射极限(diffraction limit)。衍射导致图像模糊,孔径角 θ 越小,物体越小,
光线波长的影响就越明显,衍射图样就会出现

衍射产生的像差与赛德尔球面像差正好相反:赛德尔球面像差随着孔径角的增大而增大。因此,存在一个最佳的孔径角 θ_{opt} 使两种像差之和最小(见图 4.29)。下一节将讨论衍射及这种误差的机理。

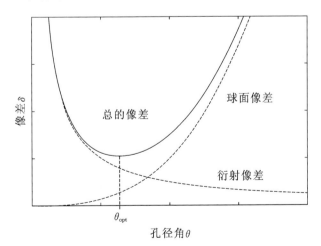

图 4.29　像差随孔径角变化的过程。在 θ_{opt} 处,由衍射和球差组成的总像差最小

4.8 衍射

如果菲涅耳数并非很大,那么几何光学的基本近似条件($\lambda \to 0$)就不再满足。在这种情况下,成像物体与成像孔的距离非常大,或孔径不再远大于波长,这便是波动光学的领域。

在波动光学中,由于光束不能再被视为几何直线,所以不能再构造光束的几何路径。必须用通过波动方程确定电磁场的方法来取代几何构造法。

4.1 节阐述了光束在几何光学区域之外的基本表现。辐射场越过几何阴影边界延伸到阴影区域,强度分布在光束内部波动,这种现象是由衍射导致的。

4.8.1 惠更斯原理和基尔霍夫衍射积分

解释波传播的基本方法可以追溯到 1690 年的荷兰物理学家克里斯蒂安·惠更斯。惠更斯原理认为,一次波前上的每个点都是次级球面波的起始点,因此一次波前是次级波在某一时刻的包络。次级波传播的速度和频率与一次波前相同(见图 4.30)。

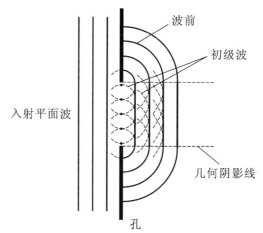

图 4.30 惠更斯-菲涅耳原理。从左边进入的波在孔处衍射,孔的每一点都可以看作是球面基波的源,球面基波的叠加形成孔后的波阵面

惠更斯原理后来被菲涅耳解释得更加准确。在惠更斯公式中,只有次级波的那些部分与包络线重叠,而其余的球面波则被忽略。菲涅耳通过引入干涉原理消除了这种不一致性。因此惠更斯-菲涅耳原理这样描述:

"在每个时间点,波前的所有未被遮蔽的点都可以看作是次级球面波的源。次级波传播的速度和频率与一次波前相同。在随后的每个点上,电磁场的振幅由这些次级波的叠加给出。对于叠加过程,必须考虑波的振幅和相位。"

这一原理是解释衍射现象的基础,它也阐明了不可能将干涉和衍射的概念从根本上区分开。

惠更斯-菲涅耳原理的数学公式是基尔霍夫衍射积分(Kirchhoff's diffraction integral)。孔后区域 A 的场的表达式[14]为

$$E(\vec{r}) = \frac{ik}{2\pi} \iint_A E(\vec{r'}) \frac{\exp(i\vec{k}\,\vec{R})}{R} dA \qquad (4.66)$$

式中:$E(\vec{r})$ 为孔后观测点处的场强;$E(\vec{r'})$ 为孔开口处的场强;$\vec{R} = \vec{r} - \vec{r'}$,为观测点到孔的距离。

观测点处产生的场强是由从区域 A 每个点发出的球面波叠加而成的。

如图 4.31 所示,基尔霍夫衍射积分可以由标量亥姆霍兹方程导出,假设入射波的场强及其在孔内的梯度与入射波的未扰动场强相对应,孔外的场强在无穷远处为 0。当孔径与波长相比很大时,这些假设是成立的。

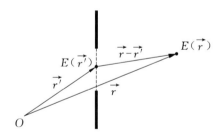

图 4.31 对基尔霍夫衍射积分的解释

4.8.2 菲涅耳衍射

如果波的传播方向与光轴略有偏离,且与孔的距离比孔径大,即

$$R \gg a_x, a_y \qquad (4.67)$$

式中:a_x 和 a_y 分别为 x 轴和 y 轴方向上的孔径。那么,可以用 R 的近似表达

---

[14] 这里所示的是定向传播的基尔霍夫衍射积分的近似值。在通常情况下,积分中应该插入倾斜参数 $K(\theta) = \frac{1}{2}(1+\cos\theta)$(允许与主波前传播方向有偏斜的参数)。这种倾斜确保了波阵面不会向后传播,而是一直向前传播。惠更斯-菲涅耳原理还没有考虑到这一点。

式对式(4.66)中的被积函数进行简化,即

$$R \approx |z-z'| + \frac{(x-x')^2+(y-y')^2}{2|z-z'|}, \quad \vec{r} = \begin{pmatrix} x \\ y \\ z \end{pmatrix}, \quad \vec{r'} = \begin{pmatrix} x' \\ y' \\ z' \end{pmatrix} \quad (4.68)$$

这种特殊的傍轴近似称为菲涅耳近似。使用这种近似时,菲涅耳衍射积分(Fresnel diffraction integral)由式(4.66)得到

$$E(x,y;R_0) = \frac{ik}{2\pi} \frac{e^{ikR_0}}{R_0} \iint_A E(x',y') e^{\frac{ik}{2R_0}[(x-x')^2+(y-y')^2]} dx'dy' \quad (4.69)$$

式中:$R_0 = |z-z'|$ 为观测平面到孔平面的距离;$E(x,y;R_0)$ 为到孔的距离为 R_0 的平面上的场分布。通常对孔径尺寸 a_x 和 a_y 进行归一化来引入无量纲的位置坐标,即

$$\xi = \frac{x}{a_x}, \quad \eta = \frac{y}{a_y} \quad \text{和} \quad \xi' = \frac{x'}{a_x}, \quad \eta' = \frac{y'}{a_y} \quad (4.70)$$

定义 x 轴方向和 y 轴方向的菲涅耳数分别为

$$N_{F,x} = \frac{a_x^2}{\lambda R_0}, \quad N_{F,y} = \frac{a_y^2}{\lambda R_0} \quad (4.71)$$

所以,式(4.69)现在可以表示为

$$E(\xi,\eta) = i\sqrt{N_{F,x}N_{F,y}} \, e^{ikR_0} \int_{-1}^{1}\int_{-1}^{1} E(\xi',\eta') \, e^{i\Phi(\xi,\xi',\eta,\eta')} d\xi'd\eta' \quad (4.72)$$

$$\text{mit } \Phi(\xi,\xi',\eta,\eta') = \pi[N_{F,x}(\xi-\xi')^2 + N_{F,y}(\eta-\eta')^2]$$

当菲涅耳数 $N_{F,x} \approx N_{F,y} \approx 1$ 成立时,通常使用菲涅耳近似,这意味着观测平面到孔的距离为 $R_0 \approx a_{x,y}^2/\lambda$。光学谐振腔的长度基本上处于这个区域。

图 4.32 为在孔后各种不同菲涅耳数的衍射图样,衍射极大值的数目与菲涅耳数相关。对于奇菲涅耳数,场分布在光轴上具有极大值;相反,对于偶菲涅耳数,场分布在光轴上具有极小值。沿着光轴,菲涅耳数会发生变化,从而导致极小值和极大值的交替。

4.8.3　夫琅禾费衍射

对于离孔很远(菲涅耳数很小)的情况,可以忽略相位表达式 Φ 中的平方项,在这一近似下,得出夫琅禾费衍射积分(Fraunhofer approximation of the diffraction integral)

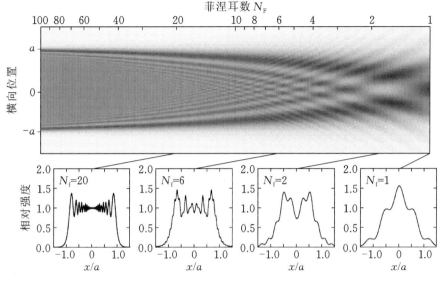

图 4.32 菲涅耳区域开槽孔衍射

$$E(x,y;R_0)=\frac{\mathrm{i}k}{2\pi}\frac{\mathrm{e}^{\mathrm{i}kR_0}}{R_0}\mathrm{e}^{\frac{\mathrm{i}k}{2R_0}(x^2+y^2)}\iint\limits_{A}E(x',y')\,\mathrm{e}^{\frac{\mathrm{i}k}{R_0}(xx'+yy')}\,\mathrm{d}x'\mathrm{d}y' \quad (4.73)$$

或使用上述无量纲坐标

$$E(\xi,\eta)=\mathrm{i}\sqrt{N_{\mathrm{F},x}N_{\mathrm{F},y}}\,\mathrm{e}^{\mathrm{i}kR_0}\,\mathrm{e}^{\mathrm{i}\pi(N_{\mathrm{F},x}\xi^2+N_{\mathrm{F},y}\eta^2)}\int_{-1}^{1}\int_{-1}^{1}E(\xi',\eta')\,\mathrm{e}^{2\mathrm{i}\pi(N_{\mathrm{F},x}\xi\xi'+N_{\mathrm{F},y}\eta\eta')}\,\mathrm{d}\xi'\mathrm{d}\eta'$$

$$(4.74)$$

除了前面的系数以外,式(4.73)或式(4.74)表示孔平面上场分布的傅里叶变换(Fourier transform)。夫琅禾费近似在菲涅耳数 $N_{\mathrm{F},x}$,$N_{\mathrm{F},y}\ll1$ 的情况下有效,因此与孔的距离 $z\gg a_{x,y}^2/\lambda$。此外,还必须满足波前与孔平面几乎相行这一条件,特别是在光源远离孔的时候。

4.8.4 狭缝衍射

入射平面波在狭缝处发生衍射是一种常见的现象。按规律,这种衍射可以假定平面波的振幅在整个狭缝范围内是常数,这是因为狭缝的宽度小于光束孔径,也小于狭缝到光源的距离。为了验证狭缝衍射的重要特性,只需观测横坐标。

狭缝衍射(diffraction at the slit)的实验装置如图 4.33 所示。相对于狭缝宽度 a 来说,狭缝离屏幕的距离 D 非常大。这样,$N_{\mathrm{F}}\ll1$,满足夫琅禾费近似条件,衍射图样在屏幕上的强度分布可按式(4.73)计算,在左侧用等幅平面波照亮狭缝。此外,当 D 比衍射图样的横向展宽大得多时,夫琅禾费近似成立,有

$$R_0 = \sqrt{D^2 + x^2} \approx D, \quad \sin\theta = \frac{x}{D} \approx \theta \tag{4.75}$$

因此,在一维情况下,式(4.74)变成

$$E(x;D) = \frac{\mathrm{i}k}{2\pi} \frac{\mathrm{e}^{\mathrm{i}kD}}{D} \mathrm{e}^{\frac{\mathrm{i}k}{2D}x^2} \int_{-a/2}^{a/2} E_0 \mathrm{e}^{\frac{\mathrm{i}k}{D}xx'} \mathrm{d}x' \tag{4.76}$$

式中:E_0 为入射波的振幅;a 为狭缝的宽度;D 为狭缝离屏幕的距离。

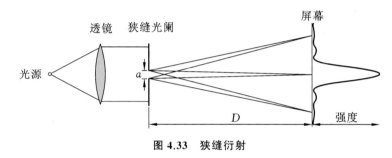

图 4.33 狭缝衍射

入射平面波的相位与衍射无关,所以被忽略。可以通过简单的积分方式来得到屏幕上的场强,即

$$\begin{aligned}
E(x;D) &= \frac{\mathrm{i}k}{2\pi} \frac{\mathrm{e}^{\mathrm{i}kD}}{D} \mathrm{e}^{\frac{\mathrm{i}k}{2D}x^2} E_0 \cdot \frac{D}{\mathrm{i}kx} \cdot \left(\mathrm{e}^{\frac{\mathrm{i}ka}{2D}x} - \mathrm{e}^{-\frac{\mathrm{i}ka}{2D}x} \right) \\
&= \frac{\mathrm{i}k}{2\pi} \frac{\mathrm{e}^{\mathrm{i}kD}}{D} \mathrm{e}^{\frac{\mathrm{i}k}{2D}x^2} E_0 a \cdot \frac{\sin\left(\dfrac{ka}{2}\theta\right)}{\left(\dfrac{ka}{2}\theta\right)}
\end{aligned} \tag{4.77}$$

式中:$\theta = x/D$,为与光轴的夹角。

除了几个相位项和前面的常数系数外,场强是所谓的 sinc 函数,即

$$\mathrm{sinc}\,x = \frac{\sin x}{x}$$

光强度与场强的绝对值的平方成正比,即

$$I(\theta) \sim \frac{|E_0|^2 a^2}{\lambda^2 D^2} \cdot \mathrm{sinc}^2\left(\pi \frac{a}{\lambda}\theta\right) \tag{4.78}$$

因此,单个狭缝的衍射图案如图 4.34 所示。

当 sinc 函数的参数取 π 的倍数时,存在衍射极小值

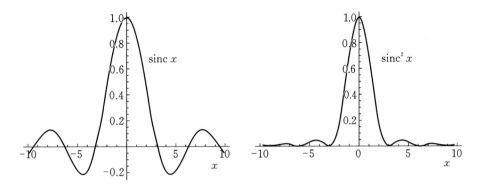

图 4.34　sinc 函数和 sinc 函数的平方。单个狭缝的衍射图案对应于 sinc 函数的平方

$$I(\theta)=0:\pi\frac{a}{\lambda}\theta=n\pi\Leftrightarrow\theta=\frac{n\lambda}{a}, \quad n=\pm1,\pm2,\cdots \tag{4.79}$$

这意味着狭缝越窄,衍射极小值离极大值中心越远,衍射图案越宽。

4.9　非线性光学

4.9.1　麦克斯韦方程组和物质方程

忽略量子力学效应,电磁辐射的发射、传播和吸收可以用麦克斯韦方程组来描述。在光学领域,通常不会产生电流和空间电荷。在这种情况下,麦克斯韦方程组为

$$\vec{\nabla}\times\vec{E}=-\frac{\partial\vec{B}}{\partial t} \tag{4.80}$$

$$\vec{\nabla}\times\vec{H}=-\frac{\partial\vec{D}}{\partial t} \tag{4.81}$$

$$\vec{\nabla}\cdot\vec{D}=0 \tag{4.82}$$

$$\vec{\nabla}\cdot\vec{H}=0 \tag{4.83}$$

式中:$\vec{E}$ 为电场强度矢量;$\vec{D}$ 为电位移矢量;$\vec{B}$ 为磁感应强度矢量;$\vec{H}$ 为磁场强度矢量。

场量 $\vec{E}$、$\vec{D}$、$\vec{H}$、$\vec{B}$ 分别由如下关系式联系起来:

$$\vec{D}=\varepsilon_0\vec{E}+\vec{P} \tag{4.84}$$

$$\vec{B}=\mu_0\vec{H}+\vec{M} \tag{4.85}$$

式中：$\vec{P}$ 是宏观电极化，$\vec{M}$ 是宏观磁化，两者在真空中都不存在。除特殊材料外，光学频率引起的磁化可忽略。另一方面，电极化对许多光学效应至关重要。极化一般取决于材料、光的频率及电场，后者是因为材料中偶极子的振荡不完全是谐波。对于小电场而言，取谐振子势的假设是一个很好的近似。

1. 一阶极化

在偶极子或局部场近似中，$\vec{P}(\vec{r})$ 只取决于当前位置 $\vec{r}$ 处的电场 $\vec{E}(\vec{r})$，极化由博伊德（Boyd）给出：

$$\vec{P}^{(1)}(\vec{r},t) = \varepsilon_0 \int_0^\infty \chi^{(1)}(\tau) \vec{E}(\vec{r},t-\tau) \mathrm{d}\tau \qquad (4.86)$$

磁化率 $\chi^{(1)}(\tau)$ 是一个二阶张量，当 $\chi^{(1)}$ 的非对角元不为零时，通常情况下 $\vec{P}$ 与 $\vec{E}$ 不平行，这意味着 $\vec{D}$ 与 $\vec{E}$ 也不互相平行，这种情况发生在双折射晶体中。式（4.86）中的积分下限是由于时间不能小于 0，且 $\tau < 0$ 时积分下限可以达到 $-\infty$。场的傅里叶分解为

$$\vec{E}(\vec{r},t) = \overset{\sim}{\vec{E}}(\vec{r},\omega) \exp(-\mathrm{i}\omega t) \frac{\mathrm{d}\omega}{2\pi} \qquad (4.87)$$

电场是一个实量，所以将 $\overset{\sim}{\vec{E}}(\vec{r},-\omega) = \overset{\sim}{\vec{E}}^*(\vec{r},\omega)$ 代入式（4.86）可以得出

$$\vec{P}^{(1)}(\vec{r},t) = \varepsilon_0 \int_0^\infty \int_{-\infty}^\infty \chi^{(1)}(\tau) \exp(\mathrm{i}\omega\tau) \mathrm{d}\tau \, \overset{\sim}{\vec{E}}(\vec{r},\omega) \exp(-\mathrm{i}\omega t) \frac{\mathrm{d}\omega}{2\pi} \qquad (4.88)$$

τ 上的积分是磁化率 $\chi^{(1)}$ 的傅里叶变换，即

$$\vec{P}^{(1)}(\vec{r},t) = \varepsilon_0 \int_{-\infty}^\infty \chi^{(1)}(\omega) \overset{\sim}{\vec{E}}(\vec{r},\omega) \exp(-\mathrm{i}\omega t) \frac{\mathrm{d}\omega}{2\pi} \qquad (4.89)$$

在单色波的情况下，式（4.89）就变成

$$\vec{P}^{(1)}(\vec{r},t) = \varepsilon_0 \chi^{(1)}(\omega) \overset{\sim}{\vec{E}}(\vec{r},\omega) + \text{c.c.} \qquad (4.90)$$

2. 二阶极化

随着电场强度的增大，非简谐性的影响增大。考虑到这个非线性行为之后，电位移按电场的幂级数展开将被扩展。二阶项由沈元壤（Shen）[2] 给出

$$\vec{P}^{(2)}(\vec{r},t) = \varepsilon_0 \int_0^\infty \int_0^\infty \chi^{(2)}(\tau_1,\tau_2) : \vec{E}(\vec{r},t-\tau_1) E(\vec{r},t-\tau_2) \mathrm{d}\tau_1 \mathrm{d}\tau_2$$

$$(4.91)$$

式(4.91)中的冒号表示张量积。使用如下分量

$$P_i = \sum_j \sum_k \boldsymbol{\chi}_{ijk} E_j E_k \tag{4.92}$$

代入电场的傅里叶变换并重新排列得出

$$\vec{P}^{(2)}(\vec{r},t) = \varepsilon_0 \iint_0^{\infty} \boldsymbol{\chi}^{(2)}(\tau_1,\tau_2) : \int_{-\infty}^{\infty} \widetilde{\vec{E}}(\vec{r},\omega_1) \exp[-i\omega_1(t-\tau_1)] \frac{d\omega_1}{2\pi}$$

$$\int_{-\infty}^{\infty} \widetilde{\vec{E}}(\vec{r},\omega_2) \exp[-i\omega_2(t-\tau_2)] \frac{d\omega_2}{2\pi} d\tau_1 d\tau_2 \tag{4.93}$$

式中：τ_1 和 τ_2 上的积分是非线性磁化率的傅里叶变换。

$$\boldsymbol{\chi}^{(2)}(\omega_1+\omega_2;\omega_1,\omega_2) = \iint \boldsymbol{\chi}^{(2)}(\tau_1,\tau_2) \exp[i(\omega_1\tau_1+\omega_2\tau_2)] d\tau_1 d\tau_2$$

$$\tag{4.94}$$

$\boldsymbol{\chi}^{(2)}(\omega_1+\omega_2;\omega_1,\omega_2)$ 通常是一个复杂的量,式(4.93)变为

$$\vec{P}^{(2)}(\vec{r},t) = \varepsilon_0 \iint_0^{\infty} \boldsymbol{\chi}^{(2)}(\omega_1+\omega_2;\omega_1,\omega_2) : \widetilde{\vec{E}}(\vec{r},\omega_1) \widetilde{\vec{E}}(\vec{r},\omega_2)$$

$$\exp[-i(\omega_1+\omega_2)t] \frac{d\omega_1}{2\pi} \frac{d\omega_2}{2\pi} \tag{4.95}$$

在分量中,二阶非线性极化为

$$P_i^{(2)}(\vec{r},t) = \varepsilon_0 \sum_j \sum_k \iint_0^{\infty} \boldsymbol{\chi}^{(2)}(\omega_1+\omega_2;\omega_1,\omega_2)_{ijk} : \widetilde{E}_j(\vec{r},\omega_1) \widetilde{E}_k(\vec{r},\omega_1)$$

$$\exp[-i(\omega_1+\omega_2)t] \frac{d\omega_1}{2\pi} \frac{d\omega_2}{2\pi} \tag{4.96}$$

电位移矢量现在可以写为

$$\vec{D}^{(2)} = \varepsilon_0 \vec{E} + \vec{P}^{(1)} + \vec{P}^{(2)} = \vec{D}^{(1)} + \vec{P}^{(2)} \tag{4.97}$$

对于单色波,线性项为

$$\vec{D}^{(1)} = \varepsilon_0[1+\widetilde{\boldsymbol{\chi}}(\omega)]\widetilde{\vec{E}} \exp(-i\omega t) = \varepsilon_0 \widetilde{\varepsilon}(\omega) \widetilde{\vec{E}} \exp(-i\omega t) \tag{4.98}$$

假设式(4.99)中的两个场是单色波的场,非线性极化为

$$P_i^{(2)}(\vec{r},t) = \varepsilon_0 \sum_j \sum_k \boldsymbol{\chi}^{(2)}(\omega_1+\omega_2;\omega_1,\omega_2)_{ijk} : \widetilde{E}_j(\vec{r},\omega_1) \widetilde{E}_k(\vec{r},\omega_1)$$

$$\tag{4.99}$$

4.9.2 波动方程

由麦克斯韦方程组可以将电场的波动方程(wave equation)写为

$$\Delta \vec{E}(\vec{r},t) - \vec{\nabla}\left[\vec{\nabla} \cdot \vec{E}(\vec{r},t)\right] - \mu_0 \frac{\partial^2 \vec{D}^{(1)}(\vec{r},t)}{\partial t^2} = \mu_0 \frac{\partial^2 \vec{P}^{(2)}(\vec{r},t)}{\partial t^2}$$

$$(4.100)$$

分离快速振荡因子介绍如下。

场现在表示为一个缓慢变化的包络线和一个快速振荡的相位项的乘积

$$\vec{E}(\vec{r},t) = \vec{A}(\vec{r},t) \exp\left[i(k_0 z - \omega t)\right] + \text{c.c.} \qquad (4.101)$$

将式(4.98)代入波动方程(4.100)，得

$$\Delta_t \vec{A}(\vec{r},t) + \frac{\partial^2 \vec{A}(\vec{r},t)}{\partial z^2} + 2ik_0 \frac{\partial \vec{A}(\vec{r},t)}{\partial z} - k_0^2 \vec{A}(\vec{r},t) + \mu_0 \varepsilon_0 \omega_0^2 \hat{\varepsilon} \vec{A}(\vec{r},t)$$

$$= \mu_0 \frac{\partial^2 \vec{P}(\vec{r},t)}{\partial t^2} \exp\left[-i(k_0 z - \omega_0 t)\right] \qquad (4.102)$$

由式(4.95)，式(4.102)的右边就变成

$$\frac{1}{2ik_0} \mu_0 \frac{\partial^2 P_i^{(2)}}{\partial t^2}(\vec{r},t) \exp\left[-i(k_0 z - \omega_0 t)\right]$$

$$= \sum_j \sum_k \int_0^\infty \int_0^\infty \frac{i(\omega_1 + \omega_2)^2}{2k_0 c^2} \boldsymbol{\chi}^{(2)}(\omega_1 + \omega_2; \omega_1, \omega_2)_{ijk}$$

$$\widetilde{E}_j(\vec{r},\omega_1) \widetilde{E}_k(\vec{r},\omega_2) \exp\left[-i(\omega_1 + \omega_2 - \omega_0)t\right] \frac{d\omega_1}{2\pi} \frac{d\omega_2}{2\pi} \exp(-ik_0 z)$$

$$(4.103)$$

$\widetilde{\vec{A}}$ 和 $\widetilde{\vec{E}}$ 的傅里叶变换为

$$\widetilde{\vec{E}}(\vec{r},\omega) = \widetilde{\vec{A}}(\vec{r},\omega - \omega_0) \exp(ik_0 z) \qquad (4.104)$$

4.9.3 三波混频

下面假设波场由三种不同频率(分别为 ω_p、ω_s 和 ω_i)的分量组成，且 $\omega_s + \omega_i = \omega_p + \Delta\omega$。s 代表信号波，i 代表闲置波，p 代表泵浦波。对于频率差 $\Delta\omega$，必须满足条件 $\Delta\omega\tau \leqslant \pi$，其中 τ 是作用时间。

1. 泵浦波的偏振

泵浦波的偏振只取决于信号波和闲偏波。将 $k_0 = k_p$ 代入式(4.102)并且用包络表示场，则得到

$$\widetilde{E}_j(\vec{r},\omega_1)\widetilde{E}_k(\vec{r},\omega_2)\exp(-\mathrm{i}k_\mathrm{p}z)=\exp(-\mathrm{i}k_\mathrm{p}z)$$

$$[\widetilde{A}_j(\mathrm{s};\vec{r},\omega_1-\omega_\mathrm{s})\exp(\mathrm{i}k_\mathrm{s}z)+\widetilde{A}_j(\mathrm{s};\vec{r},\omega_1-\omega_\mathrm{i})\exp(\mathrm{i}k_\mathrm{i}z)]$$

$$[\widetilde{A}_k(\mathrm{s};\vec{r},\omega_2-\omega_\mathrm{s})\exp(\mathrm{i}k_\mathrm{s}z)+\widetilde{A}_k(\mathrm{i};\vec{r},\omega_1-\omega_\mathrm{i})\exp(\mathrm{i}k_\mathrm{i}z)]$$

$$=\widetilde{A}_j(\mathrm{s};\vec{r},\omega_1-\omega_\mathrm{s})\widetilde{A}_k(\mathrm{s};\vec{r},\omega_2-\omega_\mathrm{s})\exp[\mathrm{i}(k_\mathrm{s}+k_\mathrm{s}-k_\mathrm{p})z]+$$

$$\widetilde{A}_j(\mathrm{s};\vec{r},\omega_1-\omega_\mathrm{s})\widetilde{A}_k(\mathrm{i};\vec{r},\omega_2-\omega_\mathrm{i})\exp[\mathrm{i}(k_\mathrm{s}+k_\mathrm{i}-k_\mathrm{p})z]+ \quad (4.105)$$

$$\widetilde{A}_j(\mathrm{i};\vec{r},\omega_1-\omega_\mathrm{i})\widetilde{A}_k(\mathrm{s};\vec{r},\omega_2-\omega_\mathrm{s})\exp[\mathrm{i}(k_\mathrm{i}+k_\mathrm{s}-k_\mathrm{p})z]+$$

$$\widetilde{A}_j(\mathrm{i};\vec{r},\omega_1-\omega_\mathrm{i})\widetilde{A}_k(\mathrm{i};\vec{r},\omega_2-\omega_\mathrm{i})\exp[\mathrm{i}(k_\mathrm{i}+k_\mathrm{i}-k_\mathrm{p})z]+$$

$$\widetilde{A}_j(\mathrm{p};\vec{r},\omega_1-\omega_\mathrm{p})\widetilde{A}_k(\mathrm{s};\vec{r},\omega_2-\omega_\mathrm{s})\exp[\mathrm{i}(k_\mathrm{p}+k_\mathrm{s}-k_\mathrm{p})z]+$$

$$\widetilde{A}_j(\mathrm{p};\vec{r},\omega_1-\omega_\mathrm{p})\widetilde{A}_k(\mathrm{i};\vec{r},\omega_2-\omega_\mathrm{i})\exp[\mathrm{i}(k_\mathrm{p}+k_\mathrm{i}-k_\mathrm{p})z]$$

式中:第 5 项和 6 项是快速振荡的,所以它们不用转换;如果 $k_\mathrm{s}\neq k_\mathrm{i}$,第 1 项和 4 项也是快速振荡的,那么只有两项保留,即

$$\widetilde{E}_j(\vec{r},\omega_1)\widetilde{E}_k(\vec{r},\omega_2)\exp(-\mathrm{i}k_\mathrm{p}z)=\exp[\mathrm{i}(k_\mathrm{s}+k_\mathrm{i}-k_\mathrm{p})z]$$

$$[\widetilde{A}_j(\mathrm{s};\vec{r},\omega_1-\omega_\mathrm{s})\widetilde{A}_k(\mathrm{i};\vec{r},\omega_2-\omega_\mathrm{i})+\widetilde{A}_j(\mathrm{i};\vec{r},\omega_1-\omega_\mathrm{i})\widetilde{A}_k(\mathrm{s};\vec{r},\omega_2-\omega_\mathrm{s})]$$

$$(4.106)$$

将式(4.106)代入式(4.103)得

$$\frac{1}{2\mathrm{i}k_\mathrm{p}}\mu_0\frac{\partial^2 P_i^{(2)}}{\partial t^2}(\vec{r},t)\exp[-\mathrm{i}(k_\mathrm{p}z-\omega_\mathrm{p}t)]=\exp[\mathrm{i}(k_\mathrm{s}+k_\mathrm{i}-k_\mathrm{p})z]$$

$$\sum_j\sum_k\iint_0^\infty\frac{\mathrm{i}(\omega_1+\omega_2)^2}{2k_\mathrm{p}c^2}\boldsymbol{\chi}^{(2)}(\omega_1+\omega_2;\omega_1,\omega_2)_{ijk}$$

$$[\widetilde{A}_j(\mathrm{s};\vec{r},\omega_1-\omega_\mathrm{s})\widetilde{A}_k(\mathrm{i};\vec{r},\omega_2-\omega_\mathrm{i})+\widetilde{A}_j(\mathrm{i};\vec{r},\omega_1-\omega_\mathrm{i})\widetilde{A}_k(\mathrm{s};\vec{r},\omega_2-\omega_\mathrm{s})]$$

$$\exp[-\mathrm{i}(\omega_1+\omega_2-\omega_\mathrm{p})t]\frac{\mathrm{d}\omega_1}{2\pi}\frac{\mathrm{d}\omega_2}{2\pi}$$

$$(4.107)$$

2. 相位匹配

为了在三个相互作用波之间获得较高的转换效率,在作用时间内,积分中的因子 $\exp[-\mathrm{i}(\omega_1+\omega_2-\omega_\mathrm{p})t]$ 的相位不能超过 π,否则转换方向会改变符号,这意味着场振幅 A_j 必须分别严格地靠近 ω_s 和 ω_i(见上文)。

除了频率匹配之外,相位$(k_s+k_i-k_p)z$必须小到在相互作用长度z内,这个条件称为相位匹配条件。在真空条件下,如果满足频率匹配条件,则满足相位匹配条件。在物质中,这个条件就不再适用,需要用特殊的方法。最广泛使用的方法是折射率匹配,这就意味着将以满足相位匹配为条件来选择三个相互作用波的折射率,这可以通过色散和双折射来实现。例如,如果 s 波和 i 波沿折射率较大的晶体方向偏振,则可以根据需要选择折射率较低的偏振方向来拟合 p 波的折射率,该偏振方向因正常色散而在较大的 p 波频率下获得必要的折射率。

另一种满足相位匹配条件的方式是使用准相位匹配。在这种方式中,非线性晶体周期性偏振,每段相干长度为

$$z_{coh}=\frac{\pi}{k_s+k_i-k_p} \tag{4.108}$$

非线性磁化率$\chi_{ijk}^{(2)}$改变了它的符号,这将产生大小为 π 的相位变化,从而对由于相位不匹配而导致的失相进行补偿。准相位匹配的主要优点是三种波都可以具有相同的偏振,通常情况下耦合系数$\chi_{iii}^{(2)}$最大。

3. 信号波和闲置波

方程(4.107)涉及偏振包络(可推导出 p 波)。为了确定驱动 s 波的偏振,先假设场$\vec{\tilde{E}}(\vec{r},\omega_1)$在以$\omega_p$为中心的范围内,场$\vec{\tilde{E}}(\vec{r},\omega_2)$必须在以$-\omega_i$为中心的范围内,使积分中的时间振荡项在所研究的时间段内不会发生很大的变化,有

$$\vec{\tilde{E}}(\vec{r},-\omega_2)=\vec{\tilde{E}}^*(\vec{r},\omega_2) \tag{4.109}$$

偏振为

$$\frac{1}{2ik_s}\mu_0\frac{\partial^2 P_i^{(2)}}{\partial t^2}(\vec{r},t)\exp[-i(k_sz-\omega_st)]=\exp[i(k_p-k_i-k_s)z]$$

$$\sum_j\sum_k\int_0^\infty\int_0^\infty\frac{i(\omega_1+\omega_2)^2}{2k_pc^2}\chi^{(2)}(\omega_1+\omega_2;\omega_1,\omega_2)_{ijk}$$

$$[\tilde{A}_j(s;\vec{r},\omega_1-\omega_p)\tilde{A}_k^*(i;\vec{r},\omega_2-\omega_i)+\tilde{A}_k(p;\vec{r},\omega_2-\omega_p)\tilde{A}_k^*(i;\vec{r},\omega_2-\omega_i)]$$

$$\exp[-i(\omega_1+\omega_2-\omega_s)t]\frac{d\omega_1}{2\pi}\frac{d\omega_2}{2\pi}$$

$$\tag{4.110}$$

闲置波偏振的等效方程成立,即

$$\frac{1}{2ik_i}\mu_0 \frac{\partial^2 P_i^{(2)}}{\partial t^2}(\vec{r},t)\exp[-i(k_iz-\omega_it)] = \exp[i(k_p-k_i-k_s)z]$$

$$\sum_j \sum_k \iint_0^\infty \frac{i(\omega_1-\omega_2)^2}{2k_pc^2}\chi^{(2)}(\omega_1-\omega_2;\omega_1,-\omega_2)_{ijk}$$

$$[\widetilde{A}_j(p;\vec{r},\omega_1-\omega_p)\widetilde{A}_k^*(s;\vec{r},\omega_2-\omega_s)+\widetilde{A}_k(p;\vec{r},\omega_1-\omega_p)\widetilde{A}_j^*(s;\vec{r},\omega_2-\omega_s)]$$

$$\exp[-i(\omega_1-\omega_2-\omega_i)t]\frac{d\omega_1}{2\pi}\frac{d\omega_2}{2\pi} \tag{4.111}$$

4. 离散

正如已经提到的,$\chi^{(1)}$ 通常是张量并且 $\vec{E}$ 一般不与 $\vec{D}$ 平行。$\vec{D}$ 与波矢 $\vec{k}$ 的方向正交,$\vec{H}$ 也一样,所以 $\vec{D}\times\vec{H}$ 平行于 $\vec{k}$,但坡印廷矢量 $\vec{E}\times\vec{H}$ 通常与此不同。这意味着波前的传播方向和功率流的方向一般不平行。根据传播方向和偏振,这可能导致沿传播方向光轴和光束质心之间的横向偏移,这种现象称为离散。在折射率匹配的情况下,这会导致具有不同偏振方向的光束沿相互作用长度发散,从而降低转换效率。

📖 参考文献 *

[1] Boyd, Robert W.: Nonlinear Optics. Academic Press, 2003.

[2] Shen, Yuen-Ron: The Principles of Nonlinear Optics. John Wiley, 1984.

---

* 全书参考文献格式直接引自英文版原书。

第 5 章
激 光 光 束

　　典型的光学系统的孔径大于波长。因此,在大多数情况下,用光线光学的概念来描述这些光学系统,就表现出一种充分精确的近似性。然而,对于小孔径,当光的波动性占主导地位,衍射效应不可忽略时,这个概念就不再成立。

　　然而,衍射是激光谐振腔产生驻波场的重要机制。尽管谐振腔中每次往返的衍射效应可能很小,但大量往返后的累积效应是显著的。此外,衍射会导致功率损失。实际上,每次往返时的相对较小的损耗已经可以显著改变激光腔的光束特性。

　　考虑到这些衍射效应,需要在不使用光线光学近似法(考虑有限波长的影响)的情况下求解波动方程。除了菲涅耳-基尔霍夫衍射理论外,人们还建立了第二个模型来专门描述波场在窄立体角内的传播,该模型称为缓变包络近似(slowly varying envelope approximation)或 SVE 近似(SVE approximation),其表达式适用于包络在时间和空间上变化缓慢的波场。

　　由于 SVE 近似专门用于描述波场在窄立体角内的定向传播,因此可以将其视为光线的模型。尽管该模型也适用于"经典"光线,但第 6 章仅关注激光光束。这在一定程度上预示着对激光工作原理和激光光束基本特性的详细讨论。在这一章中,激光仍然被视为一个"黑匣子",发射接近理想的光束。这种方法是可取的,因为 SVE 近似下的光束传播也适用于描述激光腔内的波场。

5.1 SVE 近似

一般情况下,式(5.1)的标量波动方程有无数个解

$$\Delta E + k^2 E = 0 \tag{5.1}$$

我们正在寻找描述在窄立体角内向定向传播的解,如沿 z 轴正方向传播。满足这个条件的最简单的解是平面波

$$E = E_0 e^{ikz} \tag{5.2}$$

然而,平面波具有无限的横向扩展性,不适合描述真实的波场。为了考虑波场的横向限制,采用以下方法

$$E(x, y, z) = E_0(x, y, z) e^{ikz} \tag{5.3}$$

因此,振幅恒定的平面波是空间位置的函数。

将这种方法应用于标量波动方程,可得到

$$\frac{\partial^2 E_0}{\partial x^2} + \frac{\partial^2 E_0}{\partial y^2} + \frac{\partial}{\partial z}\left(\frac{\partial E_0}{\partial z} + 2ik E_0\right) = 0 \tag{5.4}$$

这个表达式是精确的。现在,假设振幅 $E_0(x, y, z)$ 只在一个波长内发生可以忽略的变化,即

$$\frac{\partial E_0}{\partial z} \ll k E_0 = 2\pi \frac{E_0}{\lambda} \tag{5.5}$$

这就是所谓的缓变包络近似(SVE 近似)。这个假设等价于另一种假设:整个波场沿着 z 轴传播,在这种情况下,z 轴被确定为光轴。因此,SVE 近似也称为傍轴近似(paraxial approximation)。在 SVE 近似(傍轴近似)下,傍轴波动方程(paraxial wave equation)在笛卡儿坐标系中可写为

$$\frac{\partial^2 E_0}{\partial x^2} + \frac{\partial^2 E_0}{\partial y^2} + 2ik \frac{\partial E_0}{\partial z} = 0 \tag{5.6}$$

在激光谐振腔中,所观察到的强度分布通常是旋转对称的。在圆柱坐标系[①]中,式(5.6)转换为

$$\frac{\partial^2 E_0}{\partial r^2} + \frac{1}{r}\frac{\partial E_0}{\partial r} + \frac{1}{r^2}\frac{\partial^2 E_0}{\partial \varphi^2} + 2ik \frac{\partial E_0}{\partial z} = 0 \tag{5.7}$$

对于旋转对称场,E_0 不依赖于 φ,则式(5.7)简化为具有旋转对称性的傍轴波动方程,即

① $x = r\cos\varphi, y = \gamma\sin\varphi, z = z$。

$$\frac{\partial^2 E_0}{\partial r^2} + \frac{1}{r}\frac{\partial E_0}{\partial r} + 2ik\,\frac{\partial E_0}{\partial z} = 0 \tag{5.8}$$

现在，需要求解方程(5.6)和方程(5.8)。可以导出一组类似于 2.3 节中的波动方程的特解(particular solutions)，特解的任何线性组合都构成一般解。在激光光束的情况下，特解称为"传播模式"(modes of propagation)或简单的"模式"(modes)。因此，模式是波场的一种特殊传播形式。一般来说，真正的激光光束是几种模式的叠加。

5.2　高斯光束

SVE 近似中波动方程的最低阶特解(方程(5.8))是基模(fundamental mode)，就是所谓的高斯光束(Gaussian beam)

$$E(r,z) = E_0\,\frac{w_0}{w(z)}\mathrm{e}^{-\frac{r^2}{w(z)^2}}\,\mathrm{e}^{-\mathrm{i}[\omega t - \Psi_\mathrm{T}(r,z) - \Psi_\mathrm{L}(z)]} \tag{5.9}$$

式中：w_0 为在 $z=0$ 处的光斑半径(束腰)；$z_\mathrm{R} = \dfrac{\pi w_0^2}{\lambda}$ 为瑞利长度；$w(z) = w_0\sqrt{1+(z/z_\mathrm{R})^2}$ 为与束腰距离在 z 处的光斑半径；$R(z) = z[1+(z_\mathrm{R}/z)^2]$ 为等相位面曲率半径；$\Psi_\mathrm{T}(r,z) = \dfrac{kr^2}{2R(z)}$ 为横向相位因子；$\Psi_\mathrm{L}(z) = kz - \arctan\dfrac{z}{z_\mathrm{R}}$ 为纵向相位因子。

高斯光束的场分布包括振幅因子和相位因子。振幅因子决定了模式的横向强度分布。在确定谐振腔的本征频率时，相位因子特别重要(详见 5.3.3 节)。

5.2.1　振幅因子

由式(5.9)可知，高斯光束的振幅因子(amplitude factor)为

$$A(r,z) = E_0\,\frac{w_0}{w(z)}\mathrm{e}^{-\frac{r^2}{w(z)^2}} \tag{5.10}$$

光束在传播过程中，其振幅的减小并非直接依赖于纵向坐标 z，而与横向坐标 r(表示与光轴的距离)的关系正好表现为一个高斯分布[②]，高斯光束因此而得名。$w(z)$ 为高斯光束在 z 处的光斑半径(beam radius)，对应 $z=0$ 处的束腰。定义光斑半径为光束截面上振幅下降到该截面最大值的 $1/e$ 的点到光轴的距离。

---

② 高斯分布函数由 $f(x) = 1/\sqrt{2\pi b}\exp[-(x-a)^2/2b^2]$ 给出。a 和 b 是分布函数的参数。最大值和对称中心在 $x=a$ 的位置，b 是拐点到对称中心的距离。

$w(z)$ 的变化过程称为光束发散(beam caustic)(见图 5.1)。

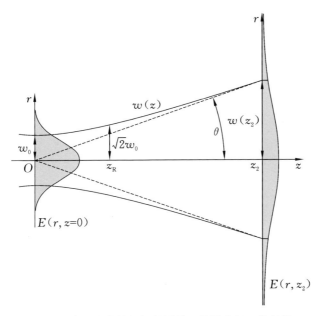

图 5.1   高斯光束的场振幅是关于传播坐标 z 的函数

光斑半径在束腰处($z = 0$)最小。在 $z = z_R$ 处 $w(z_R) = \sqrt{2}\,w_0$,即光束的截面积是原来的两倍。因此,距离 $2z_R$ 也称为光束的焦距(focal length)。焦距等于焦深(depth of focus),它表明了在这个距离光束可以被认为是聚焦了。

对于 $z \gg z_R$,光斑半径随 z 增加近似线性增加。一般情况下,光束的远场发散角(far-field divergence angle)定义为

$$\Theta = \lim_{z \to \infty} \frac{w(z)}{z} \tag{5.11}$$

同时有

$$\Theta \equiv \Theta_{00} = \frac{w_0}{z_R} = \frac{\lambda}{\pi w_0} \tag{5.12}$$

式中:Θ_{00} 为衍射极限发散角。

对于一个具有确定束腰半径的高斯光束,它在物理上可能存在一个最小发散角。因此,Θ_{00} 被特别定义为衍射极限发散角(diffraction-limited divergence angle),简称衍射极限(diffraction limit)。

5.2.2   相位因子

如图 5.2 所示,根据式(5.9),相位因子(phase factor)为

$$P(r,z)=\mathrm{e}^{-\mathrm{i}(\omega t-\Psi_{\mathrm{T}}-\Psi_{\mathrm{L}})} \tag{5.13}$$

它包含一个横向因子 Ψ_{T} 和一个纵向因子 Ψ_{L}。纵波项描述了沿 z 轴正方向传播的波的相位变化,除很小的位移因子外,[③]它等于平面波的相位因子。在横向相位恒定的面,$\Psi_{\mathrm{T}}=$常数,具有旋转抛物面的形状。在靠近光轴的地方,它们可以用球体来近似。它们的曲率半径为

$$\left[\frac{\partial^2}{\partial r^2}\frac{\Psi_{\mathrm{T}}(r,z)}{k}\right]^{-1}=R(z)$$

在以下两个极限下,曲率半径都趋于无穷大,即等相位面在束腰处为平面,曲率半径为无穷大。

$$z\to\infty:R(z)=\infty,\quad z\to0:R(z)=\infty \tag{5.14}$$

曲率半径在 $z=z_{\mathrm{R}}$ 处最小,即

$$\frac{\mathrm{d}R}{\mathrm{d}z}=1-\frac{z_{\mathrm{R}}^2}{z^2}=0\Rightarrow z=\pm z_{\mathrm{R}},\quad R(z_{\mathrm{R}})=2z_{\mathrm{R}} \tag{5.15}$$

在这些位置,等相位面有最大曲率。

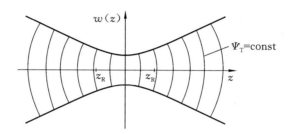

图 5.2　高斯光束的等相位面

5.2.3　高斯光束的强度分布

$$I=\frac{\varepsilon_0\varepsilon c}{2}EE^* \tag{5.16}$$

高斯光束的强度分布如下:

$$I(r,z)=\frac{\varepsilon_0\varepsilon c}{2}A(r,z)^2=\frac{\varepsilon_0\varepsilon c}{2}E_0^2\frac{w_0^2}{w(z)^2}\mathrm{e}^{-\frac{2r^2}{w(z)^2}}\equiv I_0(z)\mathrm{e}^{-\frac{2r^2}{w(z)^2}} \tag{5.17}$$

如图 5.3 所示,强度与场振幅的平方成正比(参照式(3.72))。

作为场振幅,强度在径向呈高斯分布,该高斯分布从束腰位置沿 z 轴传播时,光斑半径会变大,与光束的焦散曲面 $\omega(z)$ 一致。光斑半径由光束截面上

---

③　在高阶模态下,相位的偏移 $\mathrm{arctan}(z/z_{\mathrm{R}})$ 呈现不同的值,这导致球面谐振腔的特征频率略有不同(参看 6.3.3 节)。

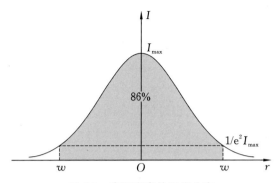

图 5.3　高斯光束的强度分布

光强降至该面光强最大值的 $1/\mathrm{e}^2$ 的点到光轴的距离表示。

　　通过对光束的径向强度分布积分来计算光束中包含的光功率,得出光轴上的峰值强度 $I_0(z)$ 与光功率 P 之间存在的关系:

$$P = 2\pi \int_0^\infty I(z,r)r\,\mathrm{d}r = \frac{\pi}{2}w(z)^2 I_0(z) \Leftrightarrow I_0(z) = \frac{2P}{\pi w(z)^2} \qquad (5.18)$$

　　由于自由传播过程中不发生吸收,所以光束的功率与坐标 z 无关。实际上,光轴上的强度随着 z 的增大而减小(但光束截面增大);当趋于较大的 z 时,它按 $1/z^2$ 形式减小。

　　被光斑半径 $w(z)$ 包围的区域包含光束总功率的 86%。

$$\int_0^{w(z)} I(r,z)r\,\mathrm{d}r = \left(1 - \frac{1}{\mathrm{e}^2}\right) \cdot P \cong 0.86 \cdot P \equiv P_w$$

　　反过来,这意味着仍然有 14% 的能量被传输到光斑半径之外。在设计光学系统或光束孔径时,这一点很重要(见图 5.4)。

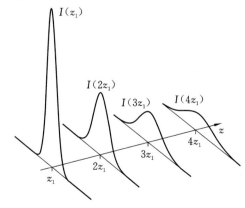

图 5.4　随传播坐标 z 的增大,高斯光束的强度分布的变化

5.3 高阶模式

高阶模式(higher-order modes),即波动方程在 SVE 近似下的其他形式的特解,由不同的多项式组合来表示(其形式与坐标系选择有关)。在典型情况下,坐标系的选择要适合光束所限定的孔径的几何形状。

5.3.1 厄米-高斯模式

对于笛卡儿坐标下的傍轴波动方程(5.6),其特解的完备集由厄米-高斯模式(Hermite-Gaussian modes)给出,即

$$E_{mn}(x,y,z)=E_0 \mathrm{H}_m\left[\sqrt{2}\frac{x}{w(z)}\right]\mathrm{H}_n\left[\sqrt{2}\frac{y}{w(z)}\right]\frac{w_0}{w(z)}\mathrm{e}^{-\frac{x^2+y^2}{w(z)^2}}\mathrm{e}^{\mathrm{i}\Psi}, \quad m,n=0,1,2,\cdots$$

$$\Psi=kz-(m+n+1)\arctan\frac{z}{z_R}+\frac{z(x^2+y^2)}{z_R w(z)^2} \tag{5.19}$$

式中:$\mathrm{H}_n(u)$ 为厄米多项式(Hermite polynomials);m 和 n 分别为 x 和 y 方向的模阶。厄米多项式的微分形式为

$$\mathrm{H}_n(u)=(-1)^n \mathrm{e}^{u^2}\frac{\mathrm{d}^n}{\mathrm{d}u^n}\mathrm{e}^{-u^2} \tag{5.20}$$

因此,4 个最低阶的厄米多项式为

$$\mathrm{H}_0(u)=1, \qquad \mathrm{H}_1(u)=2u,$$
$$\mathrm{H}_2(u)=4u^2-2, \quad \mathrm{H}_3(u)=8u^3-12u$$

由这些可以推导出如下厄米-高斯模式,即

$$E_{00}=E_0\frac{w_0}{w(z)}\mathrm{e}^{-\frac{x^2+y^2}{w(z)^2}}\mathrm{e}^{\mathrm{i}\Psi_{00}}, \qquad \Psi_{00}=kz-\arctan\frac{z}{z_R}+\frac{z(x^2+y^2)}{z_R w(z)^2},$$

$$E_{10}=E_0\frac{w_0}{w(z)}2\sqrt{2}\frac{x}{w(z)}\mathrm{e}^{-\frac{x^2+y^2}{w(z)^2}}\mathrm{e}^{\mathrm{i}\Psi_{10}}, \qquad \Psi_{10}=kz-2\arctan\frac{z}{z_R}+\frac{z(x^2+y^2)}{z_R w(z)^2},$$

$$E_{20}=E_0\frac{w_0}{w(z)}\left[8\frac{x^2}{w(z)^2}-2\right]\mathrm{e}^{-\frac{x^2+y^2}{w(z)^2}}\mathrm{e}^{\mathrm{i}\Psi_{20}}, \quad \Psi_{20}=kz-3\arctan\frac{z}{z_R}+\frac{z(x^2+y^2)}{z_R w(z)^2}$$

$$\tag{5.21}$$

E_{00} 是高斯光束或者说基模的场分布,其他场分布代表高阶模式。图 5.5 给出了这些模式的场分布,以及由高斯分布与相应的厄米多项式叠加而成的结构。对于高斯光束和所有的高阶模式,基本场分布在传播过程中保持不变,而场分布的宽度增加。

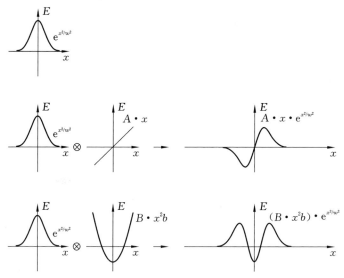

图 5.5 厄米-高斯模式 TEM_{00}、TEM_{10}、TEM_{20} 场振幅分布的一维表示，以及它们通过叠加单个项而形成的构造(见式(5.19))

厄米-高斯模式通常记为 TEM_{mn}。下标 m 和 n 表示各自强度在 x 轴和 y 轴上的零点数目,称为模式的阶数。最低阶厄米-高斯模式的强度分布如图 5.6 所示。

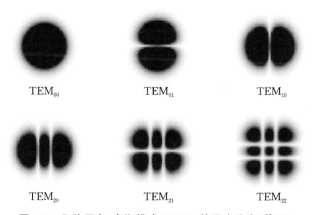

图 5.6 几种厄米-高斯模式 TEM_{mn} 的强度分布(截面)

厄米-高斯多项式构成一个完备的正交函数集。这意味着任何场分布都可以由厄米-高斯模式的叠加来构造:傍轴波动方程(式(5.6))的通解可以写成

$$E(x,y,z)=\sum_{m}\sum_{n}a_{mn}E_{mn}(x,y,z) \tag{5.22}$$

束腰半径 ω_0 表示该解的一个附加参数。一般来说,它由相应的几何形状

来定义,如由光束孔径的尺寸来定义。

5.3.2 拉盖尔-高斯模式

类似地,在柱坐标系下,式(5.7)的傍轴波动方程的特解由拉盖尔-高斯模式(Laguerre-Gaussian modes)给出,即

$$E_p^l(r,\phi,z)=E_0 \cdot \left[\frac{\sqrt{2}\,r}{w(z)}\right]^l L_p^l\left[2\,\frac{r^2}{w(z)^2}\right] e^{\frac{r^2}{w(z)^2}} e^{i\Psi} \begin{cases} \cos(l\phi) \\ \sin(l\phi) \end{cases}, \quad p,l=0,1,2,\cdots$$

(5.23)

式中:$\Psi=kz-(p+l+1)\arctan\left(\dfrac{z}{z_R}\right)+\dfrac{zr^2}{z_R w(z)^2}$。

在这种情况下,有正弦和余弦两类解,它们相互旋转90°。函数 $L_p^l(u)$ 是连带拉盖尔多项式(Laguerre polynomials),其微分形式为

$$L_p^l(u)=e^u u^{-l}\frac{d^p}{du^p}(e^{-u}u^{p+l})$$

前 4 个多项式为

$$\begin{cases} L_0^l(u)=1 \\ L_1^l(u)=l+1-u \\ L_2^l(u)=\dfrac{1}{2}(l+1)(l+2)-(l+2)u+\dfrac{1}{2}u^2 \\ L_3^l(u)=\dfrac{1}{6}(l+1)(l+2)(l+3)-\dfrac{1}{2}(l+2)(l+3)u+\dfrac{1}{2}(l+3)u^2-\dfrac{1}{6}u^3 \end{cases}$$

(5.24)

E_0^0 是高斯光束的场分布,由此可以得到 p 或 l 大于零时的高阶模式。拉盖尔-高斯模式由 TEM_p^l 决定,p 和 l 分别表示径向零值和角向零值的个数。典型的拉盖尔-高斯模式的强度分布如图 5.7 所示。

同样,拉盖尔多项式是一组正交完备的函数集,傍轴波动方程(式(5.7))的通解也是拉盖尔-高斯模式的线性组合。

5.3.3 环形模式

如果拉盖尔-高斯模式的正弦项和余弦项以相等的振幅参与叠加,则会得到一种特殊类型的模式,它被认为是一种具有完全旋转对称性的分布。这样的叠加产生一组环形模式,称为环形模式(doughnut modes),即

$$E_p^{l*}(r,z)=E_0\left[\frac{\sqrt{2}\,r}{w(z)^2}\right]^l L_p^l\left[2\,\frac{r^2}{w(z)^2}\right] e^{-\frac{r^2}{w(x)^2}} e^{i\psi}$$

(5.25)

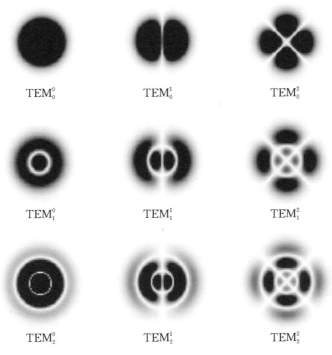

图 5.7 拉盖尔-高斯模式 TEM_p^l 的强度分布

通常,对于环形模式,使用与拉盖尔-高斯模式相同的表示法,用星号 * 表示微分。图 5.8 是几种环形模式的强度分布。

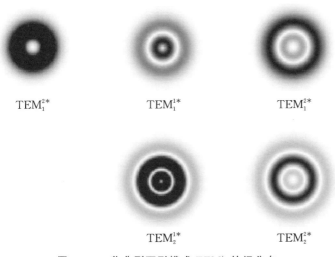

图 5.8 一些典型环形模式 TEM_p^l 的场分布

5.3.4 高阶模式的光斑半径

对于高斯光束，束腰半径被定义为振幅由中心最大值降到 $1/e$ 所对应的圆环的半径。这样由高斯分布的性质可知，它由 w_0 给出。对于高阶模式，这种关系不再成立：在振幅表达式的因子中，厄米多项式或拉盖尔多项式的出现会改变光斑半径，具体情况取决于模式的阶数。因此，对于高阶模式，w_0 不再代表束腰半径，仅是一个给定场分布的数学参数。

此外，根据光束截面振幅降到最大值的 $1/e$ 来定义光斑半径已经不再是一个充分条件，因为高阶模式可以存在一个以上的径向位置来满足这个规则。为了避免这种模糊性，将高阶模式的光斑半径（the beam radius of higher-order modes）定义为从光轴到场分布的最外拐点的距离。由于高阶厄米-高斯模式一般不具有旋转对称性，因此它们的光斑半径分别在 x 和 y 方向上定义。[④]

一个函数的拐点处于其二阶导数的零点。为了简化计算，选择 $z=0$。对于厄米-高斯模式，有

$$z=0 \Rightarrow u = \frac{\sqrt{2}\,x}{w_0}, \quad E_m \sim H_m(u)\,\mathrm{e}^{-\frac{u^2}{2}}$$

其导数为

$$E_m' \sim \left[H_m'(u) - u H_m(u)\right]\mathrm{e}^{-\frac{u^2}{2}}$$

$$E_m'' \sim \left[(u^2-1)H_m(u) - 2u H_m'(u) + H_m''(u)\right]\mathrm{e}^{-\frac{u^2}{2}}$$

用条件 $E_m''=0$ 和下面的微分方程

$$H_m''(u) - 2u H_m'(u) + 2m H_m(u) = 0$$

来定义厄米多项式[⑤]，其拐点 u_ω 的条件方程为

$$H_m(u_\omega)\mathrm{e}^{-\frac{u_\omega^2}{2}}(u_\omega^2 - 1 - 2m) = 0 \tag{5.26}$$

显然，一个拐点为

$$u_\omega = \sqrt{2m+1} \tag{5.27}$$

进一步的拐点由厄米多项式的零点给出。零点必然位于场分布以内，因此，通过式(5.27)来确定最外部的拐点，并给出了在 x 和 y 方向上的厄米-高斯模式的光斑半径，有

---

④ 当 x 和 y 方向上 w_0 取不同的值时，高斯光束在 x 和 y 方向上也可以有不同的传播情况，进而变成椭圆形。

⑤ 可以由这个微分方程得到式(5.20)中的解的形式。

$$w_m = w_0 \sqrt{m+\frac{1}{2}} \quad , \quad w_n = w_0 \sqrt{n+\frac{1}{2}} \qquad (5.28)$$

同样,可以得出拉盖尔-高斯模式的光斑半径,即

$$w_p^l = w_0 \sqrt{2p+l+\frac{1}{2}} \qquad (5.29)$$

一般表达为

$$w = w_0 b \qquad (5.30)$$

式中:w 为高阶模式的光斑半径。对于高阶模式的光斑半径,远场发散角为

$$\Theta = \lim_{z \to \infty} \frac{w(z)}{z} = \frac{w}{z_R} = b \frac{\lambda}{\pi w_0} = b\Theta_{00} \qquad (5.31)$$

式中:Θ_{00} 为高斯光束的远场发散角;Θ 为高阶模式的远场发散角。

由于所有高阶模式都有 $b>1$,这样高阶模式及由这些模式叠加构成的任何其他光束的光斑半径都大于高斯光束的腰斑 w_0。[⑥] 由此可将高斯光束的强度分布与其他所有光束区分开来。

这种光斑半径定义的缺点是,对于 $m=n=0$ 或者 $p=l=0$ 的情况,它不等于高斯光束的光斑半径 w_0。因此,有时会选择一个经过修改的定义:

$$\begin{cases} b=\sqrt{m+1}, b=\sqrt{n+1} & \text{厄米-高斯模式} \\ b=\sqrt{2p+l+1} & \text{拉盖尔-高斯模式} \end{cases} \qquad (5.32)$$

修正后,对于以上情况,其光斑半径等于高斯光束的光斑半径。然而,现在高阶模式的光斑半径稍微偏离了数学上一致的定义(见图 5.9)。

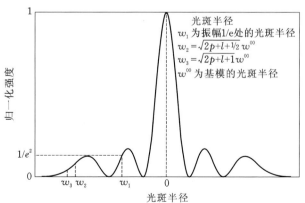

图 5.9　高阶模式光斑半径的三种不同定义的对比

⑥　对于具有相同瑞利长度的高阶模式,定义 $z_R = \pi w_0^2 / \lambda$ 仍然有效。

光斑半径的一个实用定义是基于对封闭功率的测量：光斑半径由孔径给出，孔径允许86％的光束总功率通过。这个定义对于激光光束的实验表征非常方便。然而，它并不适用于理论描述或预测光束的传播特性，因为它没有建立光束半径与相位分布或衍射特性之间的关系。

5.4　真实激光光束及光束质量

激光光束只有在理想条件下呈现高斯形状。一般来说，真实的激光光束的场分布由几个不同阶的模式叠加而成，即

$$E(x,y;z) = \sum_m \sum_n a_{mn} E_{mn}(x,y;z) \quad \text{或} \quad E(x,y;z) = \sum_p \sum_l a_{pl} E_p^l(x,y;z)$$

$$(5.33)$$

由于叠加是线性的，单个模式的传播规律也适用于叠加模式。同样，光斑半径和发散角是光束的主要参数。

通过测量光束的焦散参数，可以得到光束的半径和发散角。在此测量中，沿传播轴的不同位置 z 测量光束的强度分布，并计算这些位置的光斑半径。通过对发散 $w(z)$ 的理论形状和实验获得的实际发散 $w_{real}(z)$ 进行拟合，可以得出束腰半径 w_{real}、瑞利长度 $z_{R,real}$ 和发散角 Θ_{real}。这些可能与高斯光束的参数有关，正如 5.3 节中的高阶模式那样（参考式（5.30）和（5.31）），即

$$w_{real} = M \cdot w_0, \quad \Theta_{real} = M \cdot \Theta_{00}$$

式中：$z_{R,real} = z_R$；用 M 代替系数 b。在这里，将实际光束和具有相同瑞利长度的高斯光束进行比较。而对于具有相同束腰半径的光束的比较，其结果为

$$w_{real} = w_{00} \Rightarrow w_0 = \frac{w_{00}}{M}, z_{R,real} = \frac{\pi w_0^2}{\lambda}$$

$$\Rightarrow \Theta_{real} \equiv \frac{w_{real}}{z_{R,real}} = w_{00}\left(\frac{\pi w_{00}^2}{\lambda M^2}\right)^{-1} = \frac{\lambda}{\pi w_{00}} M^2 = \Theta_{00} M^2$$

对于高斯光束，$M^2 = 1$，发散角对应于衍射极限。对于其他所有光束，$M^2 > 1$，因此，所有真实光束的发散角都大于衍射极限。M^2 因子称为光束传播因子（beam propagation factor），它具有重要的实际意义。这个因子可以通过测量束腰半径 w_{real} 和发散角 Θ_{real} 来进行测量，即

$$w_{real}\Theta_{real} = \frac{w_{real}^2}{z_{R,real}} = \frac{\lambda}{\pi} M^2 \tag{5.34}$$

所谓的光束参数乘积（beam parameter product）$w_{real}\Theta_{real}$ 是每个光束的特

征常数值:用透镜系统聚焦或发散光束总是使束腰半径和光束发散产生相反的改变,因此光束参数乘积保持不变。[7]

光束传播因子 M^2 表示光束参数乘积,归一化为高斯光束的值。对于具有确定束腰半径的光束,其传播因子越小,发散角越小。高斯光束表示了理想情况:具有 $M^2=1$ 和最可能小的发散角。从这个意义上说,高斯光束可以被认为具有最佳的光束质量(beam quality)。一个质量因子的最直接的表达方式是,随着质量的增加而增加,这样将光束质量因子(beam quality index)或归一化的光束质量(normalized beam quality)定义为

$$K=\frac{1}{M^2}=\frac{w_{00}\Theta_{00}}{w_{\mathrm{real}}\Theta_{\mathrm{real}}}=\frac{\lambda/\pi}{w_{\mathrm{real}}\Theta_{\mathrm{real}}} \tag{5.35}$$

高斯光束的光束质量因子为1,其他光束的光束质量因子小于1。K 越小,光束离衍射极限越远。高斯光束质量意味着:

(1)给定束腰半径时发散角较小;

(2)通过给定的光学系统实现小的聚焦半径。

因为对于任何没有被光学转换而改变的特定的光束,K(或 M^2)是一个常量,所以光束质量因子或光束传播因子不仅可以被视为一种对光束本身质量的度量,而且可以被视为一种对光源质量的度量:K(或 M^2)是一束激光光源的最重要的一个特征值。图 5.10 给出了不同激光光源下可实现的光束质量随输出功率变化的函数。作为对比,表 5.1 总结了拉盖尔-高斯模式的归一化光束质量和光束传播因子的规律。

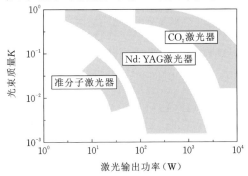

图 5.10 商用激光器系统的光束质量(SSL:固体激光器;HPDL:大功率二极管激光器)。各自激光的波长:CO_2 激光器的为 $10.6~\mu m$;SSL(Nd:YAG)的为 $1.064~\mu m$;HPDL(GaAlAs)的为 $0.8~\mu m$;准分子激光器(KrF)的为 $0.248~\mu m$

⑦ 这在理想透镜的假设下是有效的,在没有像差或光学干扰的情况下进行光束变换,对光束波前的任何扰动都会导致光束参数积的增大。

表 5.1　拉盖尔-高斯模式的归一化光束质量和光束传播因子的规律

模式	K	M^2
TEM_0^0	1	1
TEM_0^1	0.5	2
TEM_0^2	0.33	3
TEM_1^0	0.33	3
TEM_2^0	2	5
TEM_1^1	0.25	4
TEM_2^1	0.167	6

5.5　高斯光束的变换

在 SVA 近似下，描述光束传输的一个重要部分是光学元件对光束转换的表示：在一般情况下，激光光束的特性必须适应具体应用，即使用透镜、棱镜或平面镜等光学元件时要对光束进行转换。在本节中，高斯光束作为一般近轴光束的模型：所有近轴光束的一般变换规则是相同的。对于非衍射受限光束，只需考虑光斑半径、发散角或瑞利长度与光束传播因子的比例关系（见 5.3.4 节和 5.4 节）。

高斯光束的自由传播的描述依赖于其特性随坐标 z 的变化而变化的特性，见式（5.9）。由于衍射效应，光束变宽了，但其强度分布的形状没有改变。完全定义任意位置的高斯光束只需如下参数：

（1）瑞利长度 z_R 和到束腰位置的距离 z；

（2）局部光斑半径 $w(z)$ 和等相位面曲率半径 $R(z)$。

将这些参数组合成一个复光束参量（complex beam parameter）q，它可以便捷地描述高斯光束的变换行为，即

$$q = z + \mathrm{i}z_R \quad \text{或} \quad \frac{1}{q} = \frac{1}{R(z)} - \frac{\mathrm{i}\lambda}{\pi w(z)^2} \tag{5.36}$$

当光束参数为复数时，高斯光束的场分布变为

$$E(r,z) = E_0 \mathrm{i}\frac{z_R}{q}\mathrm{e}^{-\mathrm{i}\frac{kr^2}{2q}} \tag{5.37}$$

由于 q 是基于上述两组参数中的任意一组，因此参数 q 本身就足以完全定义光束。

5.5.1 ABCD 定律

引入复参量 q 的更重要的作用在于,它使光学元件对高斯光束的变换作用在形式上更为简单化:可以看出,q 遵循波束变换的所谓 ABCD 定律(ABCD law),即

$$q = \frac{Aq_0 + B}{Cq_0 + D} \tag{5.38}$$

式中:q_0 和 q 分别为变换前后的光束参数。

这里 A、B、C、D 是光束传输矩阵 $\boldsymbol{M}$ 的元素,即

$$\boldsymbol{M} = \begin{bmatrix} A & B \\ C & D \end{bmatrix}$$

该矩阵被定义为传输光学的矩阵表示。例如,光束的传播距离 d 用光束传输矩阵表示为

$$\boldsymbol{M}_{\mathrm{P}} = \begin{bmatrix} 1 & d \\ 0 & 1 \end{bmatrix} \tag{5.39}$$

从式(5.38)和式(5.36)得到

$$q = q_0 + d, q_0 = z_0 + \mathrm{i}z_{\mathrm{R}}, \quad q = z + \mathrm{i}z_{\mathrm{R}} \Rightarrow z = z_0 + d \tag{5.40}$$

与传输光学的矩阵表示类似,通过将单个光学元件的矩阵相乘得到由多个后续光学元件组成的系统的传输矩阵,即

$$\boldsymbol{M} = \boldsymbol{M}_n \boldsymbol{M}_{n-1} \cdots \boldsymbol{M}_2 \boldsymbol{M}_1 \tag{5.41}$$

高斯光束的形状在 ABCD 定律下保持不变。这是所有的厄米-高斯模式和拉盖尔-高斯模式的特征。因此,只要光束可以被构造为厄米-高斯模式或拉盖尔-高斯模式的线性组合,它就可以根据 ABCD 定律来进行变换。

5.5.2 高斯光束通过薄透镜聚焦

对于焦距为 f 的薄透镜,其光束传输矩阵为

$$\boldsymbol{M}_{\mathrm{f}} = \begin{bmatrix} 1 & 0 \\ -\dfrac{1}{f} & 1 \end{bmatrix} \tag{5.42}$$

为了描述薄透镜对高斯光束的变换,还必须考虑从束腰到透镜的传播距离 z_0 及到达透镜后面位置的传播距离 z',有

$$\boldsymbol{M} = \boldsymbol{M}(z')\boldsymbol{M}_{\mathrm{f}}\boldsymbol{M}_{\mathrm{P}}(z_0) \tag{5.43}$$

式中:z_0 为束腰与透镜位置之间的距离;f 为透镜的焦距;z' 为透镜后面的传播距离。

因此,完整的传输矩阵为

$$M = \begin{bmatrix} 1-\dfrac{z'}{f} & z'+z_0-\dfrac{z'z_0}{f} \\ -\dfrac{1}{f} & 1-\dfrac{z_0}{f} \end{bmatrix} \tag{5.44}$$

且有

$$q_{\mathrm f} = \frac{Aq_0+B}{Cq_0+D} = \frac{\mathrm i z_{\mathrm R}\left(1-\dfrac{z'}{f}\right)+\left(z'+z_0-\dfrac{z'z_0}{f}\right)}{-\dfrac{\mathrm i z_{\mathrm R}}{f}+\left(1-\dfrac{z_0}{f}\right)} \tag{5.45}$$

这是聚焦光束的复参量 $q_{\mathrm f}$。其中,对于非聚焦光束的束腰,选择位置 $z=0$。因此,非聚焦光束的光束参数可简化为 $q_0=\mathrm i z_{\mathrm R}$。聚焦光束的束腰位置在 $z=z_{0\mathrm f}$ 处,可用最小光斑半径 $w_{\mathrm f}(z_{0\mathrm f})$ 和一个平面相前 $R_{\mathrm f}(z_{0\mathrm f})=\infty$ 的面来表示。

因此,由式(5.36)可知

$$\frac{1}{R_{\mathrm f}(z_{0\mathrm f})} = \Re\left[\frac{1}{q_{\mathrm f}(z_{0\mathrm f})}\right] = 0 \tag{5.46}$$

如图 5.11 所示,将 $q_{\mathrm f}$ 的倒数与分母的共轭相乘以分离实部和虚部,得到

$$\frac{1}{q_{\mathrm f}} = \frac{-\dfrac{z_{\mathrm R}^2}{f}\left(1-\dfrac{z'}{f}\right)+\left(1-\dfrac{z_0}{f}\right)\left(z'+z_0-\dfrac{z'z_0}{f}\right)-\mathrm i z_{\mathrm R}\left[\dfrac{1}{f}\left(z'+z_0-\dfrac{z'z_0}{f}\right)+\left(1-\dfrac{z_0}{f}\right)\left(1-\dfrac{z'}{f}\right)\right]}{z_{\mathrm R}^2\left(1-\dfrac{z'}{f}\right)^2+\left(z'+z_0-\dfrac{z'z_0}{f}\right)^2}$$

$$\tag{5.47}$$

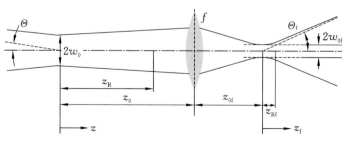

图 5.11 用焦距为 f 的薄透镜对高斯光束进行聚焦。聚焦光束的参数由附加的量"f"来区分

而对于聚焦光束的束腰位置,需要满足如下条件:

$$z' = z_{0f}: -\frac{z_R^2}{f}\left(1-\frac{z_{0f}}{f}\right) + \left(1-\frac{z_0}{f}\right)\left(z_{0f}+z_0-\frac{z_{0f}z_0}{f}\right) = 0$$

求解这个关于 $1/z_{0f}$ 的方程,来得到高斯光束的聚焦方程(focusing equation for Gaussian beams),它等价于光线光学中的透镜方程,即

$$\frac{1}{z_{0f}} = \frac{1}{f} - \frac{1}{z_0}\frac{1}{1+\dfrac{z_R^2}{z_0(z_0-f)}} \tag{5.48}$$

在式(5.48)中, z_0 是物距, z_{0f} 是像距。与透镜方程相比,物距的倒数增加了校正项,因此像距现在取决于透镜的焦距 f、物距 z_0、瑞利长度 z_R 三个参数。

对于 $z_R \rightarrow 0$,式(5.48)变成光线光学的透镜方程。对于 $z_R \neq 0$,高斯光束的像距 z_{0f} 相对于透镜的焦距偏移 Δf,或者根据光线光学,像距进行如下偏移:

$$\Delta f = z_{0f} - f = \frac{(z_0-f)f^2}{(z_0-f)^2+z_R^2} \tag{5.49}$$

束腰和透镜之间的距离与瑞利长度相比越大,则 Δf 越小。

$$z_0 = z_R + f \Rightarrow \Delta f_{max} = \frac{f^2}{2z_R} = \frac{\lambda}{2\pi}\left(\frac{f}{w_0}\right)^2 \tag{5.50}$$

成立,偏移达到最大值。

通常, Δf_{max} 远小于 f,并且仅在需要最高精度时才考虑。

对于聚焦光束的束腰半径或聚焦半径,根据式(5.36)、式(5.47)和式(5.48),可以得到

$$-\frac{\lambda}{\pi w_{0f}^2} = \Im\left(\frac{1}{q_f z_{0f}}\right) = \frac{-z_R\left[\dfrac{1}{f}\left(z_{0f}+z_0-\dfrac{z_{0f}z_0}{f}\right)+\left(1-\dfrac{z_0}{f}\right)\left(1-\dfrac{z_{0f}}{f}\right)\right]}{z_R^2\left(1-\dfrac{z_{0f}}{f}\right)^2+\left(z_{0f}+z_0-\dfrac{z_{0f}z_0}{f}\right)^2}$$

和

$$w_{0f} = \frac{w_0 f}{\sqrt{z_R^2+(z_0-f)^2}} \tag{5.51}$$

式中: $w = \sqrt{\dfrac{\lambda z_R}{\pi}}$,为原始光束的束腰半径(透镜前)。

聚焦半径会随着物距的增加而减小。透镜之前和之后的束腰半径的比率

w_{0f}/w_0 不仅取决于焦距和物距,而且还取决于未聚焦光束的瑞利长度。对于 $z_R \to 0$,式(5.51)变为光线光学中已知的扩束方程(见式(4.49))。

如果物距与透镜的焦距相比较大,则式(5.51)可以近似为

$$w_{0f} \approx \frac{w_0 f}{\sqrt{z_R^2 + z_0^2}} = \frac{w_0^2 f}{z_R w_0 \sqrt{1 + \frac{z_0^2}{z_R^2}}} = \frac{\lambda f}{\pi w_L} \tag{5.52}$$

式中: $w_L = w(z_0)$,为透镜上的光斑半径。

由此,由聚焦高斯光束的发散角得到常用的近似方程为

$$\Theta_f = \frac{w_{0f}}{z_{Rf}} = \frac{w_L}{f} \tag{5.53}$$

式中: z_{Rf} 为聚焦光束的瑞利长度。

高阶模式的变换遵循与高斯光束完全相同的规则。正如高斯光束那样,任何高阶模式的光束参数因子也保持不变。这意味着在 ABCD 定律下,凡是可以用厄米-高斯模式叠加(或拉盖尔-高斯模式叠加)表示的光束的参数因子和光束质量都保持不变。

5.5.3 聚焦半径的调整

对于大多数应用,必须将加工区域中的光斑半径调整为特定值,以达到预期的结果(见表5.2)。

表 5.2　焦点半径的调整

系统/措施	特性/结果
未优化系统 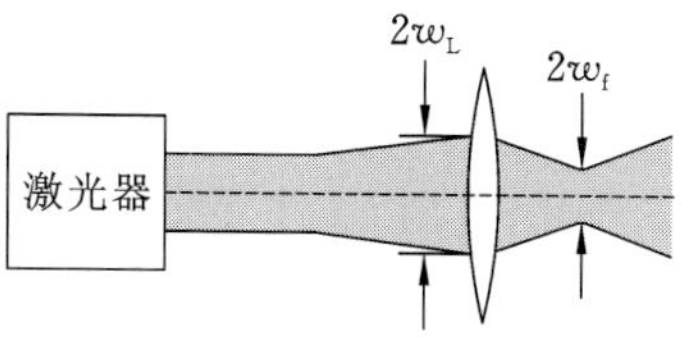 $2w_L$ $2w_f$ 激光器	透镜上的光斑半径小,焦距大 ⇒焦点上光斑半径大
缩短焦距 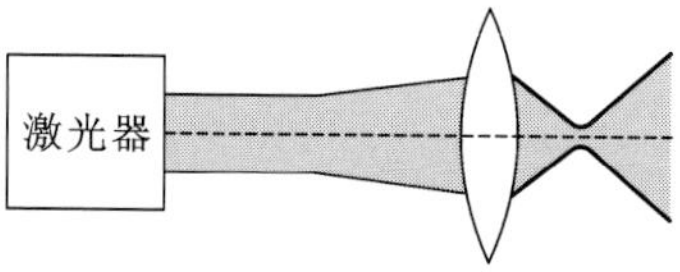 激光器	透镜上的光斑半径小,焦距小 ⇒焦点上光斑半径小

续表

系统/措施	特性/结果
增加物距 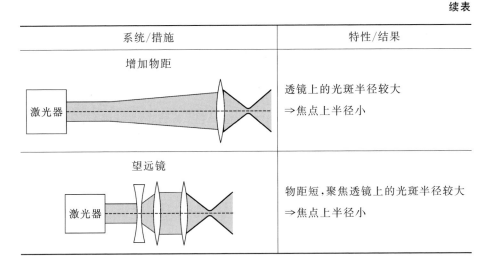	透镜上的光斑半径较大 ⇒焦点上半径小
望远镜	物距短,聚焦透镜上的光斑半径较大 ⇒焦点上半径小

为此,透镜的焦距及物距两个参数是有效的。

(1) 透镜的焦距(focal length)。减小透镜的焦距会导致聚焦半径变小(见式(5.53))。然而,焦距通常不能减小到任意值,例如,必须保持与工件的最小距离。在材料加工中,可能需要避免因受处理材料的飞溅、火花和烟雾而损坏光学元件。

(2) 物距(object distance)。如图 5.12 所示,增加物距会导致聚焦透镜上的光斑半径变大,从而减小聚焦半径(见式(5.53))。为了保持光学系统的紧凑设计,可以使用望远镜来加宽光束。然而,越来越多的光学元件增加了光学系统的校准与传输损耗。

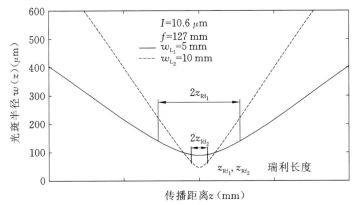

图 5.12　在聚焦透镜聚焦后,因为聚焦透镜上有两个不同的光斑半径,焦平面附近的高斯光束发散

通过改变聚焦透镜和激光器之间的距离来调整聚焦半径是一种简单的方法，不需要额外的设备。所需的物距 z_0 由聚焦透镜上的光斑半径给出（该透镜具有精准聚焦光束所必需的半径），即

$$w_{\mathrm{L}} \equiv w(z_0) = w_0 \sqrt{1 + \frac{z_0^2}{z_{\mathrm{R}}^2}} \Rightarrow z_0 = z_{\mathrm{R}} \sqrt{\frac{w_{\mathrm{L}}^2}{w_0^2} - 1} \tag{5.54}$$

望远镜（telescope）代替单个透镜，在被聚焦透镜聚焦之前将光束扩束。用望远镜扩束具有增加瑞利长度并因此减小发散角的附加效果。如果在应用领域需要更长光束，则这一点尤其有利。

一个望远镜可以简单地由两个透镜组成。如图 5.13 所示，望远镜的焦距是有限的，在光线光学的光路中，平行入射光线再次成像为平行光线。望远镜的焦距由两个望远镜透镜之间的距离 d 给出

$$\frac{1}{f} = \frac{1}{f_1} + \frac{1}{f_2} - \frac{d}{f_1 f_2} \tag{5.55}$$

式中：f_1 和 f_2 为两个透镜的焦距；d 为透镜间的距离；当 $f \to \infty$ 时，望远镜的长度为

$$d = f_1 + f_2 \tag{5.56}$$

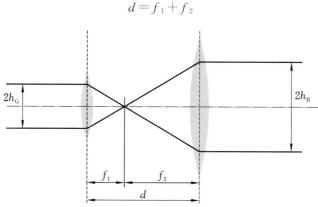

图 5.13　望远镜的光线光学表示。像侧的光斑直径 h_{B} 和物侧的光斑直径 h_{G} 间的比率定义了望远镜的扩展系数或垂轴放大倍数 A_{T}

具有垂轴距离 h_{G} 的两条平行入射光线以平行光线成像，距离为 h_{B}，即

$$h_{\mathrm{B}} = h_{\mathrm{G}} \frac{f_2}{f_1} \Rightarrow A_{\mathrm{T}} = \frac{h_{\mathrm{B}}}{h_{\mathrm{G}}} = \frac{f_2}{f_1} \tag{5.57}$$

这定义了望远镜的扩展系数或垂轴放大倍数 A_{T}。

减小的焦距及增加的物距会令聚焦半径减小，但是分别具有减小工作距

离或增加光学系统尺寸的缺点。通过使用望远镜系统,可以避免这两个缺点。

通过调整两个望远镜透镜之间的距离,可以将望远镜的焦距设置为特定值,即

$$d = f_1 + f_2 + \Delta d \Rightarrow f = -\frac{f_1 f_2}{\Delta d} \tag{5.58}$$

望远镜对高斯光束的变换可以用复参量 q(式(5.36))和 ABCD 定律(式(5.38))来描述,有

$$q = \frac{A_T q_0 + B_T}{C_T q_0 + D_T} \tag{5.59}$$

望远镜的传输矩阵 $\boldsymbol{M}_T$ 由第一个透镜的矩阵、透镜之间的传输距离 d、第二个透镜和望远镜后面的传输距离 L 组成,即

$$\boldsymbol{M}_T = \begin{bmatrix} A_T & B_T \\ C_T & D_T \end{bmatrix} = \boldsymbol{M}_P(L) \cdot \boldsymbol{M}_f(f_2) \cdot \boldsymbol{M}_P(d) \cdot \boldsymbol{M}_f(f_2) \tag{5.60}$$

根据应用,比如 L 可以是聚焦透镜将光束聚焦在工件上的距离。使用式(5.39)和式(5.42)中给出的矩阵 $\boldsymbol{M}_P$ 和 $\boldsymbol{M}_f$,并且近似于 Δd 中的第一阶($d = f_1 + f_1 + \Delta d$ 并假设 $\Delta d \ll d$),得到望远镜变换后的光束的参数

$$w_{0T} = w_0 \left| \frac{f_2}{f_1} \right| \cdot \left[1 + \frac{\Delta d}{f_1} \left(1 - \frac{z_0}{f_1} \right) \right]$$

$$z_{RT} = \frac{\pi w_{0T}^2}{\lambda} = z_R \left\{ \frac{f_2}{f_1} \left[1 + \frac{\Delta d}{f_1} \left(1 - \frac{z_0}{f_1} \right) \right] \right\}^2 \tag{5.61}$$

$$z_{0T} = \frac{(f_1 + f_2) f_2}{f_1} - z_0 \frac{f_2^2}{f_1^2} + \Delta d \frac{f_2^2}{f_1^4} \left[(z_0 - f_1)^2 - z_R^2 \right]$$

式中:w_{0T} 为变换后光束的束腰半径;z_{RT} 为变换后光束的瑞利长度;z_{0T} 从望远镜的出口平面到变换后光束的束腰的距离。

对于 $\Delta d = 0$,望远镜具有有限焦距,式(5.61)可缩写为

$$w_{0T} = w_0 \left| \frac{f_2}{f_1} \right| \doteq w_0 |A_T|$$

$$z_{RT} = z_R \frac{f_2^2}{f_1^2} = z_R A_T^2 \tag{5.62}$$

$$z_{0T} = \frac{(f_1 + f_2) f_2}{f_1} - z_0 \frac{f_2^2}{f_1^2} = (f_1 + f_2) A_T - z_0 A_T^2$$

图 5.14 表示望远镜对高斯光束的扩束及通过附加透镜进行的聚焦。在这

种情况下,望远镜的第一个透镜是发散透镜,即 $f_1 < 0$。这减小了望远镜的总长度。

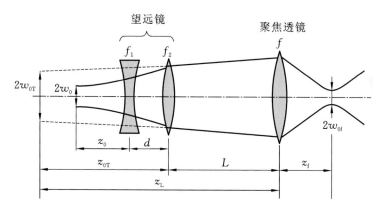

图 5.14   望远镜对高斯光束的扩束以及随后的透镜聚焦

当使用一个放大能力很强的望远镜时,所产生的光束具有非常长的瑞利长度和非常小的发散角。聚焦透镜在进行大范围内移动过程中,透镜上的光斑半径没有明显变化,从而产生恒定的聚焦半径。例如,在所谓"飞行光学"式的激光切割机中,以这种方式,可以加工大尺寸的工件。

5.5.4   球差的影响

在实际中,物镜上的光束扩展及聚焦半径的减小,会受到透镜像差增大的影响。在这种情况下,球差产生了影响。

对于球差这个术语,根据式(4.60),有

$$\Delta r = B w_{\mathrm{L}}^3 \tag{5.63}$$

式中:B 为赛德尔系数。

赛德尔系数取决于透镜的焦距、材质和形状,即

$$B = \frac{8K_{\mathrm{L}}}{f^2} \tag{5.64}$$

式中:K_{L} 为透镜参数,其值取决于折射率和透镜形状。

考虑到球差,并利用式(5.52)的近似,聚焦半径为

$$w_{0\mathrm{f}} = \frac{\lambda f}{\pi} \frac{1}{w_{\mathrm{L}}} + \frac{8K_{\mathrm{L}}}{f^2} w_{\mathrm{L}}^3 \tag{5.65}$$

通常,透镜参数 K_{L} 在 0.01 和 0.2 之间。表 5.3 给出了通常用于 CO_2 激光光束聚焦的透镜材料和形状的 K_{L} 典型值。

表 5.3　用于 CO_2 激光光束聚焦的不同透镜的 K_L 值

透镜材料	折射率 n	透镜形状	K_L
KCl	1.46	平凸	0.2350
ZnSe	2.40	半月	0.0312
GaAs	3.27	半月	0.0139

从式(5.65)可以看出,在焦距 f 和参数 K_L 不变的情况下,随着镜头上的光斑半径增加,聚焦半径不会一直减小,而会先减小后增大(见图5.15)。如果透镜上的光斑半径呈现最佳值 $w_{L,opt}$,则可实现最小聚焦半径

$$\frac{\mathrm{d}}{\mathrm{d}w_L}w_{0f}=0 \Rightarrow w_{L,opt}=\sqrt[4]{\frac{\lambda f^3}{24\pi K_L}} \tag{5.66}$$

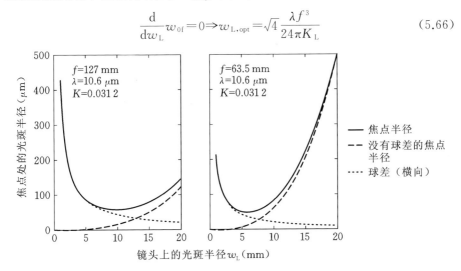

图 5.15　对于两种不同的焦距长度,用薄的硒化锌透镜聚焦后的高斯光束的聚焦半径,作为透镜光斑半径的函数。如果透镜上的光斑半径太大,则球差会导致聚焦半径增大

通过将 $w_{L,opt}$ 代入式(5.65),得到可能的最小聚焦半径。

另一方面,如果忽略透镜像差,则以 f 和 w_L 的最小可能比值实现最小聚焦半径。因为在实践中,透镜的焦距不能明显小于透镜直径,在这种情况下,可实现的最小聚焦半径为波长的大小,即

$$f \approx 2w_L \Rightarrow w_{0f} \approx \frac{2}{\pi}\lambda \approx \lambda \tag{5.67}$$

通常,球面透镜获得的聚焦半径明显更大。但是,使用校正的多透镜聚焦光学元件或具有非球面的透镜可以减少透镜像差。

第6章

光学谐振腔

除了增益介质,光学谐振腔是激光器的第二个基本组件。一般来说,谐振腔被理解为一个振动系统,振动发生在一些特定的、相互分立的频率处,即所谓本征频率或共振频率(eigen or resonance frequencies),而振动的幅度在正弦信号激发下达到最大值。共振现象已经被观察和应用于物理等许多领域。例如,乐器是机械共振系统:声音是由激发机械共振产生的,进而传播到大气中。而微波和激光共振则表示一种电磁共振系统,在这种情况下,共振作用是电磁场的振荡。

与谐振系统的性质无关,谐振频率基本上由系统的几何尺寸决定。传统的谐振腔(乐器、微波谐振腔等)的共同之处在于它们的尺寸取决于波长的大小。与波长相比,激光谐振腔的尺寸非常大,这意味着在激光谐振腔中激发了一个非常高次的谐波或者高阶次的基模。

激光谐振腔的任务如下。

(1) 将从有源介质发射的辐射反馈到介质中进行进一步放大。

(2) 从辐射场的许多可能的自激振荡或模式中选择一种或几种模式,这些自激振荡或模态可以通过频率(frequency)和传播方向(propagation direction)来区分。

本征频率的选择是通过背向耦合部分波的反馈和叠加实现的。本征频率由对应的一部分波的干涉相长决定,而其他所有频率则导致对应的干涉相消。谐振腔内各部分波的衰减时间决定了自激振荡的频率宽度(frequency width),从而决定了谐振腔的质量(quality)。

为了选择更好的传播方向,将激光谐振腔设置为一个开式谐振腔(open resonator)[①]。开式光学谐振腔由两面镜子组成,它们之间的距离比镜子直径大得多。这样,只有传播方向与两镜系统光轴方向的偏差极小的模式被反馈和放大。为了将激光光束耦合输出,其中一面镜子是部分透光的。

由于光学谐振腔决定了激光辐射的光谱分布和发散角,因此它可以看作是决定激光质量的一个因素。

6.1 电磁场的本征模式

6.1.1 一维谐振腔的本征模式

一维谐振腔被两个全反射镜所限定,其长度为 L,光波被约束其中。这是一个最基本的谐振腔模型。在这个区域的内部,真空中的一维波动方程是有效的,这意味着一般解是平面波,即

$$E = (A e^{ikz} + B e^{-ikz}) e^{-i\omega t} \tag{6.1}$$

式中:$k = \dfrac{\omega}{c_0}$,c_0 为真空中的光速。

在边界面上,电场必须满足特定的边界条件。对于理想导体的金属壁,电场在边界消失了,即

$$E(z=0) = E(z=L) = 0 \tag{6.2}$$

如果这里使用平面波的假设,则会得到以下边界条件

$$\begin{cases} A + B = 0 \\ A e^{ikL} + B e^{-ikL} = 0 \end{cases} \tag{6.3}$$

这是关于 A、B 的线性齐次方程组,它具有非零解的条件为

$$e^{2ikL} = 1 \quad \Rightarrow \quad kL = n\pi, \quad n = 0, 1, 2, \cdots \tag{6.4}$$

波数遵循可解性条件。相对应的,方程组的解给出了系数 A 和 B。当 $A = -B$ 成立时,得到本征模式(eigenmodes)为

---

① 还有封闭式光学谐振腔,但是封闭式谐振腔无法进行模式选择:一个封闭的谐振腔只不过是一个腔体散热器,如果它与环境处于热平衡状态,就会发出热辐射。

$$E_n = E_{0,n} \sin(k_n z) \mathrm{e}^{-\mathrm{i}\omega_n t}, \quad k_n = n\frac{\pi}{L}, \quad \omega_n = c_0 k_n, \quad n = 1,2,3,\cdots \quad (6.5)$$

这些是驻波，$n=1,2,3$ 的三个最低阶本征模式如图 6.1 所示。由于边界条件，解 $E = \mathrm{const}$ 是不可能的；最低的本征频率是 $\omega_1 = c_0 \pi/L$。在波数空间和频率空间中相邻模式的间隔为

$$\Delta k = \frac{\pi}{L}, \quad \Delta\omega = c_0\frac{\pi}{L}, \quad \Delta\nu = \frac{\Delta\omega}{2\pi} = \frac{c_0}{2L} \quad (6.6)$$

因此，在一个频率间隔 $\mathrm{d}\nu$ 内的本征模式的数目为

$$\mathrm{d}n = \frac{\mathrm{d}\nu}{\Delta\nu} = \frac{2L}{c_0}\mathrm{d}\nu = 2\frac{L}{\lambda}\frac{\mathrm{d}\nu}{\nu} \quad (6.7)$$

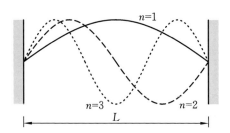

图 6.1　长度为 L 的谐振腔的三个最低阶本征模式

6.1.2　矩形腔的本征模式

现在，可以讨论一个边长为 L_x、L_y 和 L_z 的三维矩形腔。自由空间的三维波动方程在腔内是成立的，假定存在可分离变量的形式解

$$E(x,y,z;t) = E_0 f(x) g(y) h(z) \mathrm{e}^{-\mathrm{i}\omega t} \quad (6.8)$$

三维问题可以被简化为一维的，变成以前解决过的情况。利用上一节的结果，三维矩形腔的本征模式（eigenmodes of the three-dimensional rectangle cavity）为

$$E_{lmn} = E_{0,lmn} \sin(k_{x,l}x)\sin(k_{y,m}y)\sin(k_{z,n}z)\mathrm{e}^{-\mathrm{i}\omega_{lmn}t}$$

$$\mathrm{mit}\quad \vec{k}_{lmn} = \begin{pmatrix} k_x \\ k_y \\ k_z \end{pmatrix} = \begin{pmatrix} l\pi/L_x \\ m\pi/L_y \\ n\pi/L_z \end{pmatrix}, \quad \omega_{lmn} = c_0 k_{lmn}, \quad l,m,n = 1,2,3,\cdots$$

$$(6.9)$$

频率间隔 $\mathrm{d}\nu$ 中的模态的数量 $\mathrm{d}n$ 由 k 空间中各自球壳的体积除以模式的特定体积决定。此外，必须添加一个因子 2 来表示波的两个可能偏振方向。k

空间中模式的体积是模式在三个空间方向上的间隔相乘的结果[②]，即

$$V_{k,0} = \frac{\pi}{L_x} \frac{\pi}{L_y} \frac{\pi}{L_z} = \frac{\pi^3}{V} \qquad (6.10)$$

如图 6.2 所示，球壳在 k 空间中的体积为

$$\mathrm{d}V_k = 4\pi k^2 \mathrm{d}k \quad \text{mit} \quad k = \frac{2\pi\nu}{c_0}, \mathrm{d}k = \frac{2\pi\mathrm{d}\nu}{c_0} \qquad (6.11)$$

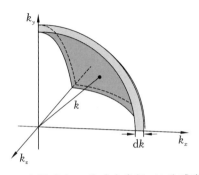

图 6.2　k 空间球壳：k 为球壳半径，$\mathrm{d}k$ 为球壳厚度

然而，现在必须考虑的是，对于方程（6.9）的本征模式，只有正数脚标 l、m、n，所以只有 k 的正矢量是有效的，因为带有负的波长分量的解并不表示线性无关的解。只需考虑第一个八分区中完整球壳的部分，即体积的 1/8。对于频率间隔 $\mathrm{d}\nu$ 中的模式数（mode number）$\mathrm{d}n$，有

$$\mathrm{d}n = 2\frac{\mathrm{d}V_k}{8V_{k,0}} = 2V\frac{4\pi k^2 \mathrm{d}k}{8\pi^3} = 8\pi V\frac{\nu^2 \mathrm{d}\nu}{c_0^3} = 8\pi\frac{V}{\lambda^3}\frac{\mathrm{d}\nu}{\nu} \qquad (6.12)$$

对于 $\mathrm{d}n = 1$，可以由此推导出相邻模式的距离为

$$\Delta\nu = \frac{1}{8\pi V}\frac{c_0^3}{\nu^2} \qquad (6.13)$$

通常用状态密度（density of states）来代替式（6.12）。状态密度表示单位体积、单位频率间隔的本征模式数目，即

$$D(\nu) = \frac{1}{V}\frac{\mathrm{d}n}{\mathrm{d}\nu} = \frac{8\pi\nu^2}{c_0^3} \qquad (6.14)$$

在物理学的许多分支中，人们常常根据式（6.12）来计算一定体积内的模式数，如普朗克黑体辐射定律或量子物理学。

---

②　通常 $(2\pi)^3/V$ 表示模式的体积。附加因子 2^3 是由于使用了周期性边界条件而产生的行波，而不是这里的由使用的边界条件而产生的驻波。然而，模式数没有变化，因为 k 的正值和负值在所有空间方向上都是允许的。

6.2 模式选择及谐振腔质量

谐振腔有两个基本功能,其中之一是选模。在一个谐振腔中可以存在许多模式,但激光器只能放大和发射某一频率的光,因此只有那些偏离高斯光束不太大的少数模式可以形成振荡,其他模式必然被抑制。

在这种情况下,通常对纵模(longitudinal modes)和横模(transverse modes)进行区分。如果 z 轴对应激光器的发射方向,则依赖于 z 的本征模式部分称为纵模,依赖于 x 和 y 的部分称为横模。为此,假定分离变量(z 坐标和横向坐标)对谐振腔的本征模式是近似可能的,但严格地看,情况并非总是如此。

选择一种特殊的纵向振型称为频率选择(frequency selection),因为发射频率是通过这种振型的选择确定的。相对应的,横模表示 k 向量与发射方向的偏差。高阶横模意味着具有大的横向分量的 k 向量(相对于光轴具有大的倾斜度的平面波)对场有贡献。对特定横模的选择称为方向选择(directional selection);如图 6.3 所示,只选择具有特定传播方向的波。

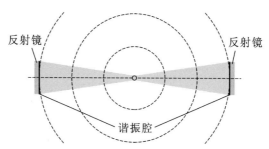

图 6.3 方向选择。从各个方向发射的波中,只有一部分处于特定立体角度的才被谐振腔镜捕获

通常,模式的纵向和横向部分并不完全独立:不同的横模通常表现出不同的频率。频率和方向选择的概念只能理解为一个粗略的组织原则,因为频率选择也作为方向选择,虽然是一个较小的数量级。

对于发射的光束,横模决定了光束模式的阶次,从而将光束分为厄米-高斯模式或拉盖尔-高斯模式。

6.2.1 开式谐振腔

当波长为 $10~\mu m$ 时,根据式(6.12),典型谐振腔的体积为 $10^{-3}~m^3$,通常频率宽度为 $1~GHz$,封闭式本征模式的数量接近 8.5×10^8。在如此众多的模式中,只有少数模式被合适的谐振腔结构选择出来,形成振荡。

通过对式(6.12)和式(6.7)的比较,可以看出当考虑一个空间维度而不是三个空间维度时,以下系数降低了本征模式的数量:

$$\frac{\mathrm{d}n^{(1\mathrm{d})}}{\mathrm{d}n^{(3\mathrm{d})}}\approx\frac{\lambda}{L_x}\frac{\lambda}{L_y} \tag{6.15}$$

因为典型激光谐振腔的宏观膨胀数值非常小,如果在上面的例子中谐振腔被认为是立方体,那么这个数值为 10^{-8}。由此可以看出,通过将谐振腔缩小到一维谐振腔,模式的数量可以大大减少。

实际上,一维谐振腔只能通过移除横向谐振腔壁,或者确保这些壁不反射来实现。只由头部末端的镜子组成的谐振腔,称为开式谐振腔。非轴向平行的光束迟早会遇到其中一个开口,从而离开谐振腔,这个过程称为方向选择(directional selection)。

6.2.2　频率选择:法布里-珀罗谐振腔

最简单的谐振腔是法布里-珀罗谐振腔(Fabry-Perot resonator)。它由两个平行排列的平面镜组成,平面镜的尺寸大到可以忽略衍射现象。其中至少有一面平面镜是半反射的,以便开启激光辐射的输出。该谐振腔的纵向本征模式与 6.1.1 节中一维区域的本征模式有很好的近似关系[③],即

$$E_n=E_{0,n}\sin(k_nz)\mathrm{e}^{-\mathrm{i}\omega_nt},\quad k_n=n\frac{\pi}{L},\quad \omega_n=c_0k_n,\quad n=1,2,3,\cdots \tag{6.16}$$

为了更详细地研究谐振腔中频率选择的机理,初步确定了通过其中一面镜子耦合进入法布里-珀罗谐振腔中的信号的传输。

为此,确定了在反射镜处多次反射产生的合成波。反射镜的特征是振幅反射系数 r_1 和 r_2,或者振幅透射系数 t_1 和 t_2。为了简单起见,假定这些系数为实数。利用一个简单的放大系数来估计激光介质的放大作用对频率选择性的影响

$$V=\frac{E(L)}{E(0)} \tag{6.17}$$

式中:V 为放大系数(amplification factor),表示通过谐振腔后场强的增加或减少。当 $V<1$ 时,在介质中以吸收为主;当 $V>1$ 时,发生放大作用。

---

③　由于镜面的不完全反射,使得电场在镜面处不再完全消失。该地区的边界条件必须进行相应的修改。这导致了本征频率的略微偏移。

现在输入信号 E_0 从一端耦合到谐振腔。在图 6.4 中，电场的演变是根据每面反射镜上的反射来描述的。我们可以由下式推导出总的传输场，即

$$E_T = t \cdot E_0, \quad t = t_1 t_2 V e^{ikL} \sum_{m=0}^{\infty} (r_1 r_2 V^2)^m e^{2mikL} \tag{6.18}$$

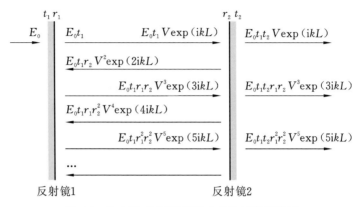

图 6.4　法布里-珀罗谐振腔内多次反射示意图

系统的振幅透射系数 t 一般比较复杂。用几何级数的求和公式

$$\sum_{m=0}^{\infty} x^m = \frac{1}{1-x}, \quad |x| \leqslant 1 \tag{6.19}$$

把 t 变为

$$t = \frac{t_1 t_2 V e^{ikL}}{1 - r_1 r_2 V^2 e^{2ikL}} \tag{6.20}$$

接下来讨论这个表达式的两个方面。

6.2.3　本征模式及自激阈值

首先可以看出，当式(6.20)中的分母为零时，透射系数 t 变成无穷大。然后，输出信号 E_t 独立于输入信号 E_0。这表明了自激或激光运转的阈值(threshold for self-excitation)为

$$1 - r_1 r_2 V^2 e^{2ikL} = 0 \tag{6.21}$$

对于相位，由下式得到谐振腔本征模式的条件：

$$2kL = n \cdot 2\pi \Rightarrow k_n = n \cdot \frac{\pi}{L} \tag{6.22}$$

由这个值，可以得到 6.1.1 节中已知的模式[④]，放大的阈值条件(threshold

---

④　在式(6.22)中，非实反射系数会导致附加恒定相位项，从而导致本征模式的偏移。

conditions)为

$$r_1 r_2 V^2 = 1 \qquad (6.23)$$

这意味着放大必须补偿镜子的反射损失,并因此产生了耦合输出。如果假设放大是一个简单的指数增长,则得到

$$V = e^{(g-\alpha)L} \Rightarrow g = \alpha - \frac{1}{2L} \ln(r_1 r_2) \qquad (6.24)$$

式中:g 为增益系数;α 为吸收系数。

1958 年,Schawlow 和 Townes 提出了激光运转的阈值条件。增益系数 g 和吸收系数 α 将在第 7 章中讨论。

阈值条件以上的区域不能在这里描述,因为自激系统独立于输入信号的振荡,所以不能使用传输的概念。事实上,在数学中,只有满足 $[r_1 r_2 V^2] \leqslant 1$,式(6.19)中所用的几何级数展开才收敛。

6.2.4　线宽和谐振腔质量

辐射光的谱线宽度和谐振腔的质量是第二个值得讨论的问题,出发点是式(6.20)的透射系数。由于谱线宽度是用强度而不是场幅值来确定的,所以必须提前计算强度透射系数(intensity transmission coefficient),即

$$T = |t|^2 = \frac{(t_1 t_2 V^2)^2}{(1 - r_1 r_2 V^2)^2 + 4 r_1 r_2 V^2 \sin^2(kL)} \qquad (6.25)$$

对于强度透射系数的最大值,下列式子成立:

$$\sin(kL) = 0 \Rightarrow k_n = \frac{n\pi}{L}, \quad T_{max} = \left(\frac{t_1 t_2 V^2}{1 - r_1 r_2 V^2} \right)^2 \qquad (6.26)$$

因此,波数的间隔为

$$\Delta k = k_{n+1} - k_n = \frac{\pi}{L} \qquad (6.27)$$

或者更确切地说,用频率表示为

$$\nu_n = \frac{c k_n}{2\pi} = n \frac{c}{2L} \Rightarrow \Delta\nu = \frac{c}{2L} \qquad (6.28)$$

为了得到在 δk 或 $\delta\nu$ 最大值一半处的全宽度,所利用的关系式——透射系数 T 降到最大值的一半,即

$$T\left(kL = \frac{1}{2}\delta kL\right) = \frac{1}{2}T_{max} \Rightarrow 2(1 - r_1 r_2 V^2)^2 = (1 - r_1 r_2 V^2)^2 + 4 r_1 r_2 V^2 \sin^2\left(\frac{1}{2}\delta kL\right)$$

$$\Leftrightarrow \sin\left(\frac{1}{2}\delta kL\right) = \frac{1-r_1r_2V^2}{2\sqrt{r_1r_2}V}$$

$$\Leftrightarrow \sin\left(\pi\frac{L}{c}\delta\nu\right) = \frac{1-r_1r_2V^2}{2\sqrt{r_1r_2V^2}}$$

(6.29)

如图 6.5 所示,当接近激光阈值时,关系式

$$r_1r_2V^2 \approx 1 \Rightarrow 1-r_1r_2V^2 \ll 1 \tag{6.30}$$

成立,这意味着式(6.29)右边的表达式较小,这样 sine 值可以近似地用其自变量代替,而分母上的平方根近似为 1,相应的线宽(line-width)近似表示为

$$\delta\nu \approx \frac{c}{2L}\frac{1}{\pi}(1-r_1r_2V^2) \tag{6.31}$$

在激光阈值处,线宽趋近于零;极大值增加到正无穷,因此,线宽变得无限窄;采用 δ 函数[⑤]的形式。

线间距与线宽的关系是谐振腔的精细度 F,即

$$F = \frac{\Delta\nu}{\delta\nu} = \frac{\pi}{1-r_1r_2V^2} \tag{6.32}$$

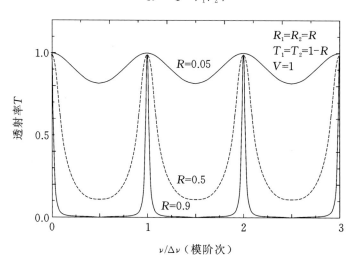

图 6.5 镜面具有不同反射系数的法布里-珀罗谐振腔的透射。这里显示的是强度反射系数 $R = |r|^2$

---

⑤ δ 函数由狄拉克 δ 函数来定义: $\delta(x-x_0) = \begin{cases} \infty, x=x_0 \\ 0, x \neq x_0 \end{cases}$, $\int_{-\infty}^{+\infty}\delta(x-x_0)\mathrm{d}x = 1$。

它按照式(6.23)的方式无限接近于激光阈值,激光器的线宽确实变得很窄⑥。空腔的线宽和精细度相应于放大系数 $V=1$。精细度高意味着谐振腔的选频效果好。

与此同时,用谐振腔的线宽还可以估算光束传播一个周期的辐射损耗。这相当于一个机械振动体系的共振线宽由阻尼常数决定。谐振腔在每个周期的能量损失也由谐振腔质量 Q(resonator quality)表示,即

$$Q = \Omega \frac{W}{\dot{W}} = \frac{c}{2L} \frac{W}{\dot{W}}, \quad \dot{W} \equiv \frac{\mathrm{d}W}{\mathrm{d}t} \tag{6.33}$$

式中:Q 为谐振腔质量;Ω 为在谐振腔内往返的频率;W 为谐振腔中包含的能量。

谐振腔中存储的能量 W 正比于模式频率 $\nu_n = \omega_n/2\pi$,正比于每个周期损失的能量和线宽 $\delta\nu$,因此谐振腔质量与相对线宽的倒数有关,有

$$W \sim \nu_n, \quad \frac{\dot{W}}{\Omega} \sim \delta\nu \Rightarrow Q_n = \frac{\nu_n}{\delta\nu} = \frac{n\pi}{1 - r_1 r_2 V^2} \tag{6.34}$$

式中:n 为模式阶数;$V<1$,为腔内损耗。

空腔质量通常指的是无增益介质的空腔,这就是为什么在这种情况下,V 只包括腔内损耗的原因,因此 V 总是小于 1。高反射系数或低损耗是提高谐振腔质量的关键因素。

6.3 带有球面反射镜的谐振腔

计算开式光学谐振腔的本征解是一个数学难题。因为反射镜的尺寸是有限的,所以会发生衍射,辐射场在镜与镜之间的传播必须用基尔霍夫衍射积分方程来描述。在大多数情况下,由此产生的计算问题只能通过数值计算来解决,特别是谐振腔镜不再是平面的并且在计算中考虑了它们的曲率。

当镜面的衍射被忽略时,问题就得到了极大的简化。为此,假设光斑半径远小于镜面曲率半径。在个别情况下,可以通过实验验证该假设的有效性。作为这个假设的结果,假设光束具有高度定向性和使用 SVE 近似是一致的。因此,当描述谐振腔内的场分布时,对于第 5 章导出的 SVE 近似的波动方程的解,厄米-高斯模式和拉盖尔-高斯模式是非常重要的。

---

⑥ 激光辐射产生的线宽由剩余的自发辐射决定,而自发辐射包含在式(6.32)中。

6.3.1 谐振腔中波束的几何形状

利用 ABCD 定律和相应的光束传输矩阵，可以描述高斯光束的传输及其在光学元件中的变换（见 5.4 节）。为了确定谐振腔的本征模式，必须计算谐振腔中光束的完整往返。如图 6.6 所示，一个完整的往返包括：①从反射镜 1 经长度为 L 的谐振腔传播到反射镜 2；②由反射镜 2 产生反射 L；③从反射镜 2 传播到反射镜 1；④由反射镜 1 产生反射。

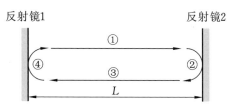

图 6.6 谐振腔内的往返原理图

通过长度 z 传播的光束传输矩阵为

$$\boldsymbol{M}_{\mathrm{P}}(z) = \begin{bmatrix} 1 & z \\ 0 & 1 \end{bmatrix} \tag{6.35}$$

对于在曲率半径为 R 的球面上的反射，光束传输矩阵为

$$\boldsymbol{M}_{\mathrm{S}}(R) = \begin{bmatrix} 1 & 0 \\ -\dfrac{2}{R} & 1 \end{bmatrix} \tag{6.36}$$

对于长度为 L 的谐振腔和曲率半径为 R_1 和 R_2 的反射镜，传输矩阵为

$$\begin{aligned}
\boldsymbol{M}_{\mathrm{R}} &= \boldsymbol{M}_{\mathrm{S}}(R_1) \cdot \boldsymbol{M}_{\mathrm{P}}(L) \cdot \boldsymbol{M}_{\mathrm{S}}(R_2) \cdot \boldsymbol{M}_{\mathrm{P}}(L) \\
&= \begin{bmatrix} 1 & 0 \\ -\dfrac{2}{R_1} & 1 \end{bmatrix} \cdot \begin{bmatrix} 1 & L \\ 0 & 1 \end{bmatrix} \cdot \begin{bmatrix} 1 & 0 \\ -\dfrac{2}{R_2} & 1 \end{bmatrix} \cdot \begin{bmatrix} 1 & L \\ 0 & 1 \end{bmatrix}
\end{aligned} \tag{6.37}$$

所谓的 g 参数表示为

$$g_1 = 1 - \frac{L}{R_1}, \quad g_2 = 1 - \frac{L}{R_2} \tag{6.38}$$

式（6.37）表示为

$$\boldsymbol{M}_{\mathrm{R}} = \begin{bmatrix} 2g_2 - 1 & 2Lg_2 \\ \dfrac{2}{L}(2g_1 g_2 - g_1 - g_2) & 4g_1 g_2 - 2g_2 - 1 \end{bmatrix} \tag{6.39}$$

完成 j 次往返后的光束参数 q 为

$$q_{j+1} = \frac{Aq_j + B}{Cq_j + D} \quad \text{mit} \quad \boldsymbol{M}_R = \begin{bmatrix} A & B \\ C & D \end{bmatrix} \tag{6.40}$$

式中：j 为谐振腔内往返的次数。

当光束参数从一个周期到另一个周期保持不变时，可以给出谐振腔在光束参数作用下的本征解 q_E，因此当 q_E 满足

$$q_{j+1} = q_j = q_E \Rightarrow q_E = \frac{Aq_E + B}{Cq_E + D} \tag{6.41}$$

条件时，解出的表达式为

$$q_E = \frac{1}{2C}\left[A - D \pm \sqrt{(D-A)^2 + 4BC}\right]$$

$$= \frac{1}{2C}\left[A - D \pm \sqrt{(D+A)^2 - 4DA + 4BC}\right] \tag{6.42}$$

当对所有的传输矩阵都有效时，依据

$$\det \boldsymbol{M} = AD - BC = 1 \tag{6.43}$$

q_E 最终变为

$$q_E = \frac{1}{2C}\left[A - D \pm \sqrt{(A+D)^2 - 4}\right]$$

$$= \frac{1}{2C}\left[A - D \pm i\sqrt{4 - (A+D)^2}\right] \tag{6.44}$$

又因为光束复参量的定义为

$$q = z + iz_R, \quad z_R = \frac{\pi w_0^2}{\lambda} \tag{6.45}$$

式中：z_R 为瑞利长度；z 为从束腰开始测量的沿传播方向的坐标。

因此可以确定瑞利长度和束腰的位置，如图 6.7 所示。根据定义，瑞利长度取正值，因此必须对式(6.44)中的正负号做出相应的选择。

$$\begin{cases} z_R = \dfrac{\sqrt{4 - (A+D)^2}}{2C} = L\,\dfrac{\sqrt{g_1 g_2 (1 - g_1 g_2)}}{g_1 + g_2 - 2g_1 g_2} \\[4mm] z \equiv z_1 = \dfrac{A - D}{2C} = -\dfrac{L g_2 (1 - g_1)}{g_1 + g_2 - 2g_1 g_2} \end{cases} \tag{6.46}$$

在式(6.37)中，选择光线传输矩阵的顺序，由反射镜 1 的反射后往返结束，即 q_E 为从反射镜 1 到反射镜 2 的光束的光束参数。因此，z 是反射镜 1 到束腰的距离。束腰到反射镜 2 的距离为

$$z_2 = z_1 + L = \frac{Lg_1(1-g_2)}{g_1+g_2-2g_1g_2} \tag{6.47}$$

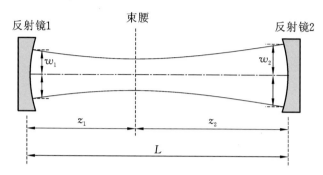

图 6.7　球形镜谐振腔中的高斯光束

根据瑞利长度的定义，得到光束的束腰半径，即

$$w_0 = \sqrt{\frac{z_R\lambda}{\pi}} = \sqrt{\frac{\lambda L}{\pi}} \cdot \frac{[g_1g_2(1-g_1g_2)]^{\frac{1}{4}}}{\sqrt{g_1+g_2-2g_1g_2}} \tag{6.48}$$

反射镜前的等相位面的曲率半径为

$$R(z_{1,2}) = z_{1,2}\left(1+\frac{z_R^2}{z_{1,2}^2}\right) = z_R\left(\frac{z_{1,2}}{z_R}+\frac{z_R}{z_{1,2}}\right) = \frac{L}{1-g_{1,2}} = R_{1,2} \tag{6.49}$$

这样，它就等于镜面的曲率半径。

6.3.2　稳定性判据

从式(6.48)可以看出，只有当谐振腔的 g 参数满足式(6.50)条件时，才能得到实数表示且大小有限的束腰半径 w_0。

$$0 < g_1g_2 < 1 \tag{6.50}$$

这个条件称为球形镜谐振腔的稳定性判据(stability criterion)。一个谐振腔的 g 参数满足这一条件时称为稳定谐振腔(stable resonators)。在这种情况下，谐振腔本征函数的辐射场仍然集中在光轴周围。如果 g 参数不满足稳定性判据，则谐振腔是不稳定的(unstable)。因此，根据乘积 g_1g_2 的符号，可以将正支非稳腔和负支非稳腔区分开来。

6.3.1 节所做的计算只适用于稳定谐振腔，因为只有在这种情况下，才能维持光斑半径小于镜面半径，才有理由忽略衍射。相比之下，在非稳谐振腔的情况下，光束半径会一直增长，直到辐射足够大时脱离谐振腔的限制，因为足够大的辐射会穿过两侧镜子，并且这也被用来对光束进行耦合输出，耦合输出激光光束是由穿过两侧镜子中较小镜子的辐射形成的。在谐振腔稳定的情况下,采用半反射镜进行耦合输出。

图 6.8 给出了球形镜谐振腔稳定性示意图(stability diagram)。因为 g_1 和 g_2 是相互独立的。稳定区域只存在于第一象限和第三象限。图 6.9 给出了几种对应于特殊谐振腔结构的 g 参数对。

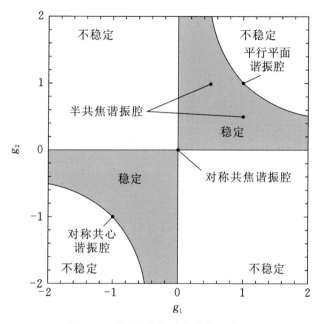

图 6.8 球形镜谐振腔稳定性示意图

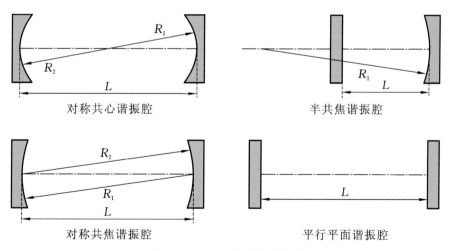

图 6.9 光学谐振腔的不同结构

1. 平行平面谐振腔

两面镜子都是平面的,这意味着存在一个理论上的法布里-珀罗谐振腔。然而,不同之处在于,反射镜表面非常小,以至于不得不考虑衍射效应。平面反射镜的曲率半径为 R,所以平行平面谐振腔的 g 参数都为 1,即

$$R_{1,2} \to \infty \Rightarrow g_{1,2} = 1 - \frac{L}{R_{1,2}} = 1$$

这样,平行平面谐振腔恰好处于稳定区域之外,它的本征模式不能再用前述章节中描述的过程来定义。

平行平面谐振腔在理论上的优点是,反射镜之间的整个体积被光束覆盖,这意味着可以获得对有源介质的最佳利用。对于一个曲率很大但取有限值的谐振腔($R_{1,2} \gg L$),这种优点大多数情况下存在,而同时这些谐振腔又是稳定的。这种谐振腔称为长程谐振腔(long-range resonators)。

2. 对称共焦谐振腔

在对称共焦谐振腔的情况下,两面镜子在谐振腔的中间有一个共同的焦点。因为球面镜的焦距是 $f = R/2$,那么有

$$f_{1,2} = \frac{L}{2} \Rightarrow R_{1,2} = L \Rightarrow g_{1,2} = 0$$

该谐振腔也位于稳定区域的边界。

3. 对称共心谐振腔

位于稳定区域边缘的第三个对称谐振腔是对称共心谐振腔。其中反射镜的曲率半径等于谐振腔长度的一半,这意味着两个反射镜的球面在谐振腔的中间有一个共同的中心。然后,镜子的焦点在谐振腔长度的 1/4 或 3/4 处。

g 参数为

$$g_{1,2} = 1 - \frac{L}{\frac{L}{2}} = -1$$

所以这个谐振腔也位于稳定区域的边界。

由于反射镜位置的微小偏差就会导致谐振腔变得不稳定,其辐射行为发生根本性的变化,所以位于稳定区域与不稳定区域之间的谐振腔对调节尤为敏感。

4. 半共焦谐振腔

半共焦谐振腔由平面镜和球面镜组成,谐振腔长度等于镜面焦距,即

$$R_1 = \infty, \quad f_2 = L \Leftrightarrow R_2 = 2L \Rightarrow g_1 = 1, \quad g_2 = \frac{1}{2}$$

半共焦谐振腔位于稳定区域。它的名字意味着在共焦谐振腔的对称平面上,被一个平面镜一分为二。

6.3.3　稳定球形镜谐振腔的本征频率

到目前为止,对球形镜谐振腔的讨论仅涉及利用波束复参量来描述。这包含了关于束腰位置和瑞利长度的信息,与光束发散角的含义相同。这意味着到目前为止只讨论了谐振腔的方向选择,而频率或波长是自由参数。

对于球形镜谐振腔的频率选择,同样的条件对 6.1.1 节中的矩形腔基本上是有效的。在谐振腔中每往返一次,相位变化 2π 的整数倍,因此波在谐振腔中叠加,并形成驻波。对于厄米-高斯模式 TEM_{mn},光轴上的相位为

$$\Psi(z) = kz - (m+n+1)\arctan\left(\frac{z}{z_R}\right) \tag{6.51}$$

其谐振条件为

$$\Psi(z_2) - \Psi(z_1) = kL - (m+n+1)\left[\arctan\left(\frac{z_2}{z_R}\right) - \arctan\left(\frac{z_1}{z_R}\right)\right] = j\pi \tag{6.52}$$

式中:$j = 0, 1, 2, \cdots$;$z_{1,2}$ 为第一面或第二面镜子的位置;$L = z_2 - z_1$,为谐振腔长度。

由关系式

$$\begin{cases} \arctan x = \arccos\left(\frac{1}{\sqrt{1+x^2}}\right) \\ \arccos x - \arccos y = \arccos(xy - \sqrt{1-x^2}\sqrt{1-y^2}) \end{cases} \tag{6.53}$$

及频率

$$\nu = \frac{c_0 k}{2\pi} \tag{6.54}$$

式中:c_0 为真空中的光速。

因此,可得球面谐振腔的本征频率(eigenfrequencies),即

$$\nu_{mn,j} = \frac{c_0}{2L}\left[j + (m+n+1)\frac{1}{\pi}\arccos(\sqrt{g_1 g_2})\right] \tag{6.55}$$

对拉盖尔-高斯模式也可以推导出相应的表达式。径向和角向阶数 p 和 l 代替了 x 和 y 方向的模式阶数 n 和 m,有

$$(m+n+1) \quad \rightarrow \quad (p+l+1) \tag{6.56}$$

从式(6.55)可以看出,本征频率一般不依赖于纵模阶数 j,而是依赖于横模阶数 m 和 n。如果几个横模振荡同时建立,可以导致激光强度的拍现象。图 6.10 为几种球形镜谐振腔的频谱示意图。

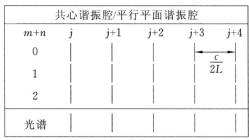

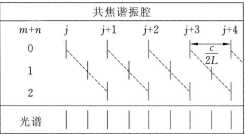

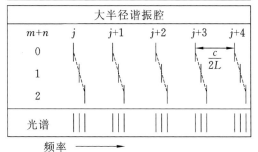

图 6.10 几种球形镜谐振腔的频谱示意图

6.4 镜面边界的影响

需要指出,只有当镜面上的光斑半径明显小于镜面本身的半径,6.3 节推导出的本征函数才是一种好的近似。也只有在这种情况下,才能忽略在镜面上反射时的衍射效应。

为了更准确地确定开式光学谐振腔的本征模式,必须解决这些类型的谐振腔的衍射问题。一般情况下,两面镜子的场分布的计算方法是将第一面镜子的场分布插入基尔霍夫衍射积分,然后传播到第二面镜子。通常情况下,为了改善谐振腔的方向选择性,反射镜的半径 r_s 远小于谐振腔的长度 L。因此,傍轴近似可以适用于谐振腔中的光束,基尔霍夫衍射积分可以简化为菲涅耳积分。

6.4.1 曲面镜之间的衍射积分

曲面的谐振腔镜使这一过程复杂化。由镜面曲率引起的场变换类似于透镜引起的相移,但在这种情况下,修改衍射积分更简单,这样可以直接在曲面上相互成像。

对此,从最初的基尔霍夫衍射积分开始

$$E(\vec{r}_2) = \frac{ik}{2\pi} \iint_{S_1} E(\vec{r}_1) \frac{\exp(i\vec{k}\vec{R})}{R} dA \tag{6.57}$$

式中:$E(\vec{r}_1)$ 和 $E(\vec{r}_2)$ 为在第一面和第二面镜子上的电场;$\vec{R} = \vec{r}_2 - \vec{r}_1$,为观测平面的矢径与积分平面的矢径之差。

向量 $\vec{r}_2$ 在第二面镜子的表面上,我们对第一面镜子的曲面 S_1 积分;R 为矢量 $(\vec{r}_2 - \vec{r}_1)$ 的模,即

$$R^2 = (\vec{r}_2 - \vec{r}_1)^2 = (x_2 - x_1)^2 + (y_2 - y_1)^2 + (z_2 - z_1)^2 \tag{6.58}$$

对于 $\vec{r}_2$ 的大小,有

$$r_2^2 = x_2^2 + y_2^2 + z_2^2 \Rightarrow z_2 = \sqrt{r_2^2 - x_2^2 - y_2^2} \approx r_2 - \frac{x_2^2 + y_2^2}{2r_2} \tag{6.59}$$

成立。

如图 6.11 所示,如果坐标系统的零点被移动到谐振腔的中间,那么

$$z_2 \rightarrow z_2 + r_2 - \frac{L}{2} \Rightarrow z_2 \approx \frac{L}{2} - \frac{x_2^2 + y_2^2}{2r_2} = \frac{L}{2} - \Delta z_2 \tag{6.60}$$

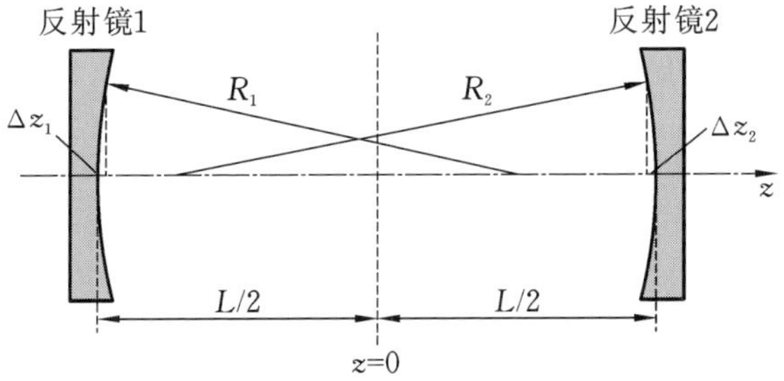

图 6.11 曲面镜间衍射积分的几何图形

利用 z_1 对应的表达式，z 坐标的差可以写成

$$z_2 - z_1 = L - \frac{x_2^2 + y_2^2}{2r_2} - \frac{x_1^2 + y_1^2}{2r_1} = L - \Delta z_2 - \Delta z_1 \tag{6.61}$$

对式（6.61）两边取平方并忽略 x 和 y 的 4 次方项，得到

$$(z_2 - z_1)^2 \approx L^2 - L\left(\frac{x_1^2 + y_1^2}{r_1} + \frac{x_2^2 + y_2^2}{r_2}\right) \tag{6.62}$$

如果将式（6.62）依次代入式（6.58），使用式（6.38）中定义的 g 参数，则得到近轴近似下的距离 R，即

$$R^2 = L^2 + g_1(x_1^2 + y_1^2) + g_2(x_2^2 + y_2^2) - 2x_1 x_2 - 2y_1 y_2 \tag{6.63}$$

$$\Rightarrow R \approx L + \frac{g_1}{2L}(x_1^2 + y_1^2) + \frac{g_2}{2L}(x_2^2 + y_2^2) - \frac{1}{L}(x_1 x_2 + y_1 y_2)$$

这个近似用于衍射积分中的相位项。在被积函数的分母中，R 用谐振腔长度 L 简单近似。由式（6.57）可知，菲涅耳近似中曲面镜之间的衍射积分（diffraction integral between curved mirrors）为

$$E(x_2, y_2, z_2) = \frac{ik}{2\pi} \frac{e^{ikL}}{L} \iint_{S_1} E(x_1, y_1, z_1)$$

$$\times \exp\left\{\frac{ik}{2L}\left[g_1(x_1^2 + y_1^2) + g_2(x_2^2 + y_2^2) - 2x_1 x_2 - 2y_1 y_2\right]\right\} dx_1 dy_1 \tag{6.64}$$

为了保证这种关系的有效性，反射镜上的光斑半径和曲率半径必须小于谐振腔长度 L。

6.4.2 开式球形腔的本征方程

为了计算在谐振腔中完成一次往返后的场，同样的变换必须再次应用于第二面镜子上的场分布。在本征模的情况下，场分布的形状保持不变，只改变一个常数因子 Γ。开式球形镜谐振腔的本征方程（eigenvalue equation for the open spherical resonator）为

$$\begin{cases} E(x_1, y_1, z_1) = \Gamma \left(\frac{ik}{2\pi} \frac{e^{ikL}}{L}\right)^2 \\ \iiint\limits_{S_2 S_1} K(x_1, y_1; x_2, y_2) K(x_2, y_2; x_1', y_1') E(x_1', y_1', z_1) \, dx_1' dy_1' dx_2 dy_2 \\ K(x_1, y_1; x_2, y_2) = e^{\frac{ik}{2L}[g_1(x_1^2 + y_1^2) + g_2(x_2^2 + y_2^2) - 2x_1 x_2 - 2y_1 y_2]} \end{cases}$$

$$\tag{6.65}$$

一般情况下,Γ 是本征函数 $E_1(x_1,y_1,z_1)$ 的复数本征值。Γ 的模值不大于 1;它描述了谐振腔的损耗。由于波的强度和能量与电场的平方成正比,所以每次往返的损耗为

$$\delta_B = 1 - |\Gamma|^2 \tag{6.66}$$

这些损耗的存在导致了并不是所有的辐射都从一个谐振腔镜反射到另外一个谐振腔镜。一部分辐射透过镜面到了镜子之外。然而,对于稳定的谐振腔,衍射是造成这些损耗的唯一原因。因此,它们被称为衍射损耗(diffraction losses)。

6.4.3 本征模式的 Fox-Li 迭代法

式(6.65)中的本征值问题只能在少数特殊情况下才能求得解析解。一般来说,这些解必须采用数值方法。最著名的方法是 Fox-Li 迭代法。对于这种方法,式(6.65)经常应用于在一面镜子上选择一个合适的场分布,这意味着场分布受到多次谐振腔往返的影响。

原始的场分布可以根据谐振腔的本征模式展开,即

$$E^0(x,y,z) = \sum_n a_n E_n(x,y,z) \tag{6.67}$$

对本征模式 E_n,有

$$M \circ E_n = \Gamma_n E_n \tag{6.68}$$

成立。而 M 是式(6.65)中的变换。这个方程表示谐振腔内的单次往返。N 次往返后有

$$\underbrace{M \circ M \circ \cdots \circ M}_{N次} \circ E_n \equiv M^N \circ E_n = \Gamma_n^N E_n \tag{6.69}$$

N 次往返之后所得到的场分布为

$$E^N(x,y,z) = \sum_n a_n \Gamma_n^N E_n(x,y,z) \tag{6.70}$$

有最大本征值的本征模式具有最小的阻尼,因此具有最小的损耗。经过足够的谐振腔往返后,大多数模式被抑制,只有损耗最小的模式能维持下来,它就是基模,即

$$N \to \infty: \quad E^N(x,y,z) \to E_0(x,y,z) \tag{6.71}$$

实际上,在典型情况下,运行 100 个周期是必须的。

近似地确定基模时,可以从初始分布 E^0 中减去基模,使初始分布仅由较高次的模式组成,即

$$E^0 \to E^0 - a_0 E_0 = \sum_{n=1}^{\infty} a_n E_n \tag{6.72}$$

如果现在再次使用新的初始分布进行所描述的过程，只有本征模式仍然存在，它表现为第二低的损耗。

原则上，正如许多高阶模态所需的，这个过程可以继续下去。但是，由于所有先前确定的模式的误差都进入了后续步骤，因此随着阶数的增加，该方法很快就变得不那么精确了。然而，为了确定基模，Fox-Li 迭代法是非常有效的。该方法相对简单，属于数值确定模式的标准程序之一。

6.5　非稳定谐振腔

激光发展的一个重要目标是构建既能提供高输出功率又能提供高光束质量的结构紧凑的激光系统。实现这一目标的常用方法包括增大激光谐振腔的横截面积，但是这一方法会严重损害光束质量。在稳定谐振腔中，当谐振腔的横截面积增大（反射镜的半径增大）时，由于高阶横模开始振荡，因此光束质量会迅速下降。稳定谐振腔的多次折叠是一种可能的替代方案。不过，这也有其局限性，从结构可以看出，这种结构会降低谐振腔调整的敏感度和增益介质的利用率。

进一步的选择则是非稳定谐振腔（unstable resonator），非稳定谐振腔可以更充分地利用增益介质并且有好的光束质量。一个非稳定谐振腔对应

$$g_1 g_2 \leqslant 0 \quad 或 \quad g_1 g_2 \geqslant 1 \tag{6.73}$$

如前所述，稳定谐振腔中的光束分布和光斑半径在每个周期传输后会自再现；与此相反，非稳定谐振腔的光斑半径在每个周期传输后增加，这会导致光斑半径超出镜面半径；光束在较小镜面的两侧失去耦合。在这个过程中，损耗或辐射的耦合输出部分往往是比较大的。非稳定谐振腔存在以下一系列问题，使它们的实际应用变得很困难。

（1）一般情况下，非稳定谐振腔中往返传输的能量损耗很高，为 30% ～ 50%，这限制了非稳定谐振腔在高增益激光介质（CO_2 激光器或固体激光器）上的使用。

（2）与稳定谐振腔相比，非稳定谐振腔的调整敏感度要高得多。这是因为对于非稳定谐振腔，其谐振腔结构的改变或激光介质状态的改变而导致原本可以忽略的损耗，对激光器的输出和空间强度分布会有显著影响。因此，引入一些特殊结构通常是必要的。

（3）近场和远场的强度分布有很大差异。

（4）当非稳定谐振腔用于加工反射材料时，其强度分布会发生显著变化，

这是由于非稳定谐振腔对光学背向反射非常敏感。因此在很多情况下,在设计谐振腔结构时需要考虑其应用领域。

因为共焦谐振腔(confocal resonators)能够提供准直光束,所以很实用。在共焦谐振腔中两个反射镜有一个共同的焦点,即

$$L = f_1 + f_2 = \frac{R_1}{2} + \frac{R_2}{2} \tag{6.74}$$

且 g 参数的关系是有效的

$$g_1 g_2 = \frac{1}{2}(g_1 + g_2) = \frac{(L-R_1)^2}{R_1^2 - 2LR_1} \tag{6.75}$$

也可以选择 R_2 替换 R_1 作为自变量。从式(6.75)可以看出,没有稳定的共焦谐振腔,这是因为当分母为正时, $g_1 g_2$ 的值总是大于 1 的。对于负支共焦谐振腔,焦点在谐振腔内。

$$\begin{cases} g_1 g_2 < 0 : \dfrac{R_1}{2} \equiv f_1 < L \quad \Rightarrow \quad \text{焦点在谐振腔内} \\[3mm] g_1 g_2 > 1 : \dfrac{R_1}{2} \equiv f_1 > L \quad \Rightarrow \quad \text{谐振腔内没有焦点} \end{cases} \tag{6.76}$$

因此,会优先选择正支共焦谐振腔,这是因为其焦点不在谐振腔内,光束可以更好地覆盖两个反射镜之间的区域。导致两个反射镜之间增益介质的利用率更高。此外,对于负支共焦谐振腔来说,焦点处的光强可能会非常高,以至于焦点处的增益介质受损,如图 6.12 所示。

常用放大率(magnification) M 来描述非稳定谐振腔的耦合输出,即

$$M = \frac{w_2}{a_2} \tag{6.77}$$

式中: w_2 为耦合输出镜处的光斑半径; a_2 为耦合输出镜的半径。

放大率 M 代表了通过谐振腔时光斑半径的增大。对于共焦谐振腔,有

$$M = \begin{cases} 2g_2 - 1 = \dfrac{1}{2g_1 - 1} = \dfrac{g_2}{g_1}, \quad g_1 g_2 > 1 \\[3mm] 2g_1 - 1 = \dfrac{1}{2g_2 - 1} = \dfrac{g_1}{g_2}, \quad g_1 g_2 < 0 \end{cases} \tag{6.78}$$

利用放大率 M,可以很简单地估计非稳定谐振腔的光束损耗。在几何光学近似中,损耗是由光束的横截面积和反射镜的表面积之比给出的。谐振腔内往返一周的损耗因子 δ 为

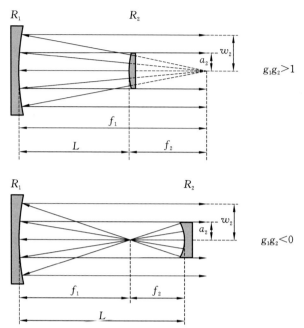

图 6.12 共焦谐振腔。上面是正支共焦谐振腔,在谐振腔内没有焦点;
下面是负支共焦谐振腔,焦点位于谐振腔内

$$\delta = 1 - \frac{1}{M^2}, \quad M > 1 \tag{6.79}$$

δ 表示从谐振腔中耦合输出的光束份额。在几何光学近似中,这一部分是从一个圆环输出的,圆环的内圆半径为 a_2,外圆半径为 w_2。

6.5.1　非稳定谐振腔的场分布

非稳定谐振腔的本征模式与厄米-高斯模式或拉盖尔-高斯模式有本质区别;因此,非稳定谐振腔的本征模式甚至不能近似地用这些模式来表征。非稳定谐振腔波动方程的解析解是一个尚不清楚的问题。因此,只有用数值计算的方法才能得到谐振腔中的场分布。

但是,在几个简化假设的基础上,可以导出出射光束的近似描述。对于具有圆对称结构的非稳定谐振腔的耦合输出基本模式,其环状近场分布源于几何光学近似,即

$$E(r,0) = \begin{cases} 0, & r < a \\ E_0, & a < r < M \cdot a \\ 0, & M \cdot a < r \end{cases} \tag{6.80}$$

式中:a 为耦合输出镜的半径;M 为放大率。

对其进行傅里叶变换,可以得到夫琅禾费近似的远场分布。通过这些方法,得到的远场强度分布为

$$I(\rho)=I(0)\left\{\frac{M^2}{M^2-1}\left[\frac{2J_1(\rho)}{\rho}-\frac{1}{M^2}\frac{2J_1(\rho/M)}{\rho/M}\right]\right\}^2, \quad \rho=2\pi M\theta\frac{a}{\lambda} \quad (6.81)$$

式中:$J_1(\rho)$ 为一阶贝塞尔函数;$\theta\approx r/z$,为远场光束角。

这里可以讨论两种极限情况。当 $M\gg1$ 时,近场的外环半径远大于内环半径。远场强度分布接近于一个简单小孔的衍射图样,即

$$I(\rho)=I(0)\cdot4\left[\frac{J_1(\rho)}{\rho}\right]^2=I(0)\cdot\text{AIRY}(\rho) \quad (6.82)$$

式中:$\text{AIRY}(x)$ 为艾里函数。

分布函数的第一个最小值位于

$$\theta=0.51\frac{\lambda}{Ma} \quad (6.83)$$

处。

在第二种极限情况下,$M\approx1$,近场中的圆环可以忽略不计,则式(6.84)为远场强度分布。

$$I(\rho)=I(0)\cdot J_1(\rho)^2 \quad (6.84)$$

强度分布函数的最小值位于

$$\theta=0.38\frac{\lambda}{a} \quad (6.85)$$

处。

图 6.13 所示为这两种极限情况。在第二种情况下,主极大值的半高全宽明显较小,但是次极大值的强度较大。图 6.13 表示数值计算得到的非稳定谐振腔的远场和近场分布。

在许多应用中,需要对近场和远场两种情况下的测量距离进行精确设置。另一个难点是,虽然远场分布可以根据近场分布来计算,但必须首先知道近场分布(包括其相位信息(phase information))。实际上只能对强度信号进行直截了当的测量,而焦点处的强度分布无法通过近场分布进行足够精确的展示。因此,焦点处的强度分布只能在测量的基础上进行荧屏显示。然而,对于高性能激光器来说,这种做法难度很大。

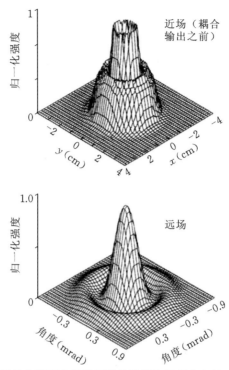

图 6.13 数值计算得到的非稳定共焦谐振腔的近场和远场分布($R_1 = -14$ m,$R_2 = 28$ m,$M = 2$)。近场分布的中心部分被谐振腔的反射镜反射;只有外环被耦合输出

6.6 谐振腔的损耗

谐振腔的损耗决定了共振作用的锐度,从而决定了出射激光的光束质量。此外,激光振荡的阈值(见 6.2.3 节)和激光输出功率也取决于谐振腔的损耗。因此,谐振腔损耗是激光的一个重要参数,在设计和构建激光系统时必须考虑。

谐振腔的损耗(包含辐射场)在谐振腔内往返一周所经历的所有损耗。首先,必须区分耦合输出损耗(outcoupling losses)和耗散损耗(dissipative losses)。耦合输出损耗产生于谐振腔外激光光束的耦合输出,这意味着它们描述的是输出部分,这一部分由激光系统提供并传输给应用。对于谐振腔来说,它们代表损耗;对于激光应用来说,它们代表了实际的系统输出。然而,耗散损失是以热量或散射光的形式损失的,无法被利用。因此,必须将耗散损耗降至最低,同时必须根据必要的系统特性对耦合输出损耗进行优化:

(1)强大的耦合输出——高输出功率和低谐振腔质量意味着大的带宽;

（2）低耦合输出——低输出功率、高谐振腔质量和窄带宽。

耦合输出损耗的优化问题将在 8.4.3 节中讨论。耗散损耗基本上是由衍射损耗、吸收损耗、散射损耗和光纤偏离谐振腔损耗组成。

6.6.1　衍射损耗

一般情况下,谐振腔内循环传输的光辐射并没有被谐振腔的反射镜完全捕捉到并进行再次反射。一部分光波会从反射镜边缘透出,从而造成谐振腔的损耗。在稳定谐振腔内,由于这种辐射并不能被利用,因此这种形式的输出全部计为耗散损耗。但是,对于非稳定谐振腔来说,这一过程被用于耦合输出,通过反射镜边缘的光波有很大一部分形成了耦合输出的激光光束。

由于反射镜截断了光束,导致光束分布只能近似地被描述为厄米-高斯模式。相对于反射镜半径 a 而言,反射镜处的光斑半径 w 越小,这种近似就越精确。

$$w \ll a \tag{6.86}$$

这一条件对于对称共焦谐振腔来说是很容易达到的。然而,在共轴平行平面谐振腔中,光斑半径不断增大,直到受到衍射损耗的限制。这些谐振腔内的场分布,并不能用厄米-高斯模式很好地近似。

计算衍射损耗需要解决光学谐振腔的衍射问题。一般来说,这只有通过数值计算的方式才有可能。然而,对于简单的情况,可以通过近似来分析衍射损耗。例如,以下是根据斯莱皮恩计算得到的对称共焦谐振腔衍射损耗的基本模式:

$$\begin{cases} \delta_B \approx 1 - 35.5\sqrt{N_F}\, e^{-4\pi F}, & N_F > 0.5 \quad \text{方形镜} \\ \delta_B \approx 1 - 16\pi^2 N_F\, e^{-4\pi F}, & N_F > 0.5 \quad \text{圆形镜} \end{cases} \tag{6.87}$$

式中:δ_B 为往返一周的相对衍射损耗;N_F 为菲涅耳数。

图 6.14 中,与菲涅耳数有关的衍射损耗是根据式（6.87）绘制的。在 Fox-Li、博伊德（Boyd）和戈登（Gordon）的分析方法中可以找到对不同谐振腔和模式的衍射损耗的详细分析。

6.6.2　吸收损耗和散射损耗

射到反射镜上的激光辐射并没有被完全反射或透射。其中一部分能量会被反射镜的材料吸收,并导致反射镜温度升高。对于这种吸收损耗,通常可以表示为

$$\delta_A = 1 - R - T \tag{6.88}$$

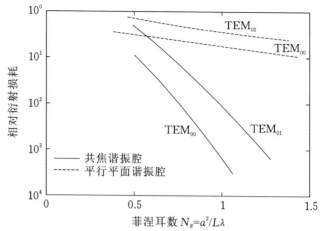

图 6.14 共焦谐振腔和平行平面谐振腔的两种最低阶横模的衍射损耗。以圆孔作为菲涅耳数的函数,其中 a 为反射镜半径,L 为谐振腔长度,λ 为波长

式中:R 为反射系数;T 为投射系数。

δ_A 的值由镜面材料和辐射激光的波长决定。合适的镀膜可以显著提高镜面的反射率。

特别是对于长折叠谐振腔,吸收损耗会导致能量转换效率的显著降低。此外,在温度较高的情况下,反射镜的几何形状会由于热膨胀而发生变化,甚至可能会导致镜面的损坏。因此,在高性能操作中,必须对反射镜进行冷却,如图 6.15 所示。

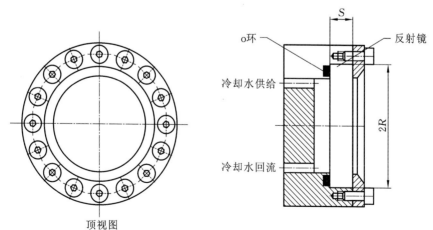

图 6.15 用于高性能激光器的水冷铜镜的结构。最重要的是,反射镜与前面的安装环均匀地接触,这样冷却水的水压就不会对系统造成破坏

对于波长为 10.6 μm 的 CO_2 激光器,实际使用的是铜镜(copper mirrors)。在这个波段,对于照射铜镜的激光光束能量的吸收率约为 1%;铜镜不仅具备良好的反射率和快速的散热,同时其生产成本也较低。

由于在微观上,镜面不可避免地有一定的粗糙度,因此反射光中的一部分将会被散射。杂质(如灰尘),会增大这种散射的影响。对于光学表面的质量标准,激光工程中使用的反射镜粗糙度值应小于 $\lambda/10$。因此,基于表面的散射损耗可减少到 1% 以下。

介电镜介绍如下。

通过使用介电镜(dielectric mirrors),可以使可见光及近红外和近紫外光谱范围内的吸收损耗低于 0.2%。介电镜是由在玻璃基板上涂覆一层或多层 $\lambda/4$ 厚的材料制作的。这层材料的折射率 n_{layer} 必须大于玻璃的折射率 n_{glass}。因为是由光疏介质射向光密介质($n_{air} < n_{layer}$)传播,因此在材料层顶部反射的这部分辐射会经历 π 的相位突变。另一方面,由于 $n_{layer} > n_{glass}$,在材料层与玻璃之间的界面反射的波并没有经历相位突变,但是会多走 $\lambda/2$ 的光程。总的来说,这将会导致两部分反射波干涉增强,从而增大了反射率。[⑦]

根据同样的原理,还可以设计光学元件的防反射涂层。为此,只需满足 $n_{layer} < n_{glass}$ 就可以了。在材料层内侧反射的光波同样会有额外的相位突变,这就会导致两部分反射波干涉相抵消。

需要注意的是,材料层的厚度只能对一个波长进行优化,这意味着介电镜的反射率在很大程度上取决于光波波长。例如,适用于 Nd:YAG 激光器的介电镜,一般不能用于其他类型的激光。介电镜的缺点主要是制造成本较高。

6.6.3 未对准

谐振腔反射镜的错位(misalignment),意味着谐振腔的几何形状与理想情况有小的偏差,同样也会导致谐振腔损耗的增加。一个重要的错位情况是,谐振腔的反射镜向腔轴倾斜(见图 6.16)。随着光束在腔内的多次反射,光束的轴相对于腔轴的倾斜越来越大,即光束向外移动。由于这个原因,会有很大一部分光束从谐振腔反射镜的边缘逸出,造成谐振腔的损耗。

有两个平面反射镜的平行平面谐振腔对一个镜子的倾斜表现出最大的灵敏度。这种由于错位造成的损耗 δ_J 取决于倾斜角 ε,并且可以近似表达为

---

⑦ 根据同样的原理,还可以为光学元件设计一种防反射涂层。对此,只需选择让涂层的折射率小于元件的。在涂层内部的反射上附加的相位跳跃导致反射的部分波干涉相消。

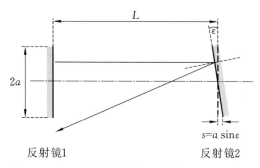

图 6.16　由于反射镜的错位而造成损耗的示意图

$$\delta_J = \frac{16}{3}\pi^2 N_F \frac{L}{\lambda}\varepsilon^2 \tag{6.89}$$

式中:δ_J 为错位损耗;N_F 为谐振腔的菲涅耳数;L 为谐振腔长;λ 为波长。

为了将错位损耗降到与衍射损耗相同的数量级,根据式(6.89),倾斜角必须小于衍射角,即

$$\varepsilon < \theta_B = \frac{\lambda}{2a} \Rightarrow \delta_J < \delta_B \tag{6.90}$$

也可以用下式说明镜子边缘的距离之差必须小于波长,即

$$s = L_1 - L_2 < \lambda \tag{6.91}$$

这种精度的调整在实际应用中很难达到,特别是在激光器的运行过程中很难保持。除了高的衍射损耗外,这也是平行平面谐振腔在激光工程中没有得到更广泛应用的另一个原因。

球面谐振腔对于镜面倾斜的敏感性要低得多:随着倾斜角 ε 的变化,由镜面曲率中心决定的谐振腔中心轴的位置也会发生变化。但光束不会像平面谐振腔那样离开谐振腔,因为即使经历多次反射,光轴也保持稳定(见图6.17)。在这种情况下,只有当光轴被移动到靠近谐振腔反射镜边缘的地方,才可导致只有大部分光束被反射时才会产生额外的损耗。

相比之下,球面谐振腔对 g 参数的变化具有极大的灵敏度,因此有

$$g_{1,2} = 1 - \frac{L}{R_{1,2}} \tag{6.92}$$

式中:$R_{1,2}$ 为谐振腔反射镜的曲率半径。

这意味着 g 参数的值随谐振腔长度 L 和发射镜曲率半径 $R_{1,2}$ 变化。谐振腔内传输模式的束腰半径和发散角会因 g 参数的不同而有很大差异,特别是对于在稳定区域边界上的谐振腔(见图6.8)。对于错位的敏感度最低的谐振

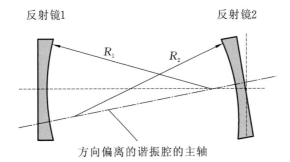

图 6.17 对于球面谐振腔,反射镜的倾斜会导致光轴重新定向:光轴始终穿过镜面曲率中心

腔,即

$$g_1 = g_2 = \pm \frac{1}{2} \tag{6.93}$$

位于稳定区域中间。

为了比较不同谐振腔之间的错位敏感度,将式(6.89)转换成更一般的形式,即

$$\delta_{\mathrm{J}} = C_{\mathrm{R}} N_{\mathrm{F}} \frac{L}{\lambda} \varepsilon^2 \tag{6.94}$$

式中:C_{R} 为与谐振腔类型有关的常数。

常数 C_{R} 表示不同类型的谐振腔所对应的敏感度。它与谐振腔的形状有关:

当谐振腔 g 参数 $g_{1,2} = 1/2$ 时,$C_{\mathrm{R}} \approx 0.7$;

当谐振腔为平行平面谐振腔时,$C_{\mathrm{R}} \approx 50$。

这意味着在相同的菲涅耳数下,平行平面谐振腔的错位敏感度约是球面谐振腔的 70 倍。

谐振腔结构的静态和动态稳定性是高精度调整的前提,只有这样才能有较低的谐振腔损耗。高的损耗意味着激光辐射的质量降低。例如,谐振腔在运行过程中的机械振荡(mechanical oscillations)会降低模式质量和平均输出功率。这种振荡是由其他激光部件产生的,主要是由冷却水循环系统产生的,或者是通过建筑物的地板以声波的形式传输过来的其他设备的振荡产生的。因此,在设计谐振腔时需要特别注意阻尼振荡。

造成谐振腔错位损耗的其他原因是结构原件的热膨胀(thermal expansion)或弹性形变(elastic deformation)。因此,热膨胀系数较低的物质是首选的结构材料。稳定的管道和支撑结构用于抵消弹性形变（见图6.18）。

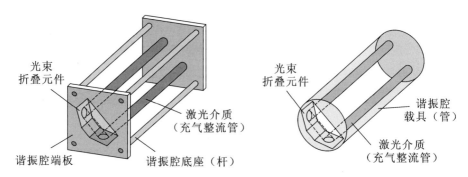

图 6.18 左图为谐振腔支撑结构。放电路径和头与这个折叠谐振腔的转向镜位于由大量平面镜构成的一端，这一端由外部杆与另一端连接。右图是以封闭的管子作为谐振腔的支撑结构

6.6.4 激光介质的影响

在评判一个谐振腔时，仅考虑空谐振腔的特性是不够的。在某些情况下，谐振腔内部辐射的传播受到激光介质的决定性影响。不同的激光介质有截然不同的影响。

一般来说，激光介质的变化会导致谐振腔的几何形状发生光学意义上的改变（a change of the optical geometry）。介质的折射率强烈依赖于温度（如Nd：YAG激光器），也强烈依赖于泵浦引起的激发密度（如半导体激光器）。这种依赖性导致折射率沿着与腔轴垂直的方向变化，类似于一个透镜（如 Nd：YAG 激光器中的热透镜）。在计算反射镜的曲率半径和谐振腔长度时，必须考虑这种附加的热透镜效应。

在固体激光器中，谐振腔内的高强度辐射会使激光介质出现双折射现象（birefringent），这意味着折射率与辐射的偏振方向有关，其结果是一部分辐射由于折射方向的改变而离开谐振腔。

在气体激光器中，高速循环的气体会引起湍流（turbulence）和气体分子密度的起伏（density fluctuation），从而导致光的衍射发生，这是一种附加的损耗。

增益介质对光强分布的另一种基本影响在于激光放大的高度非线性（nonlinearity）效应。由于高度放大的饱和现象，实际径向分布的强度曲线上，两个次极大强度相对于理想状态下有所提升，掩盖了理想分布的零点位置（见图6.19）。

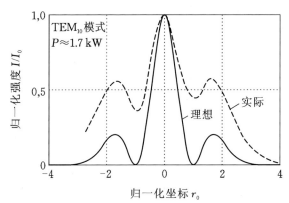

图 6.19 激光介质对谐振腔横向强度分布的影响：由于轴向区域的饱和，外侧区域的
放大率较高

　　增益分布的时间和空间的非均匀性会导致强度分布的起伏和谐振腔模式
的混合。

　　这种影响只能够通过对谐振腔和激光介质的大量数值模拟来计算。

第 7 章
光与物质相互作用

前几章用不同的方式描述了电磁波的传播。第 5 章聚焦于激光光束。第 6 章详细讨论了激光器的第一要素——光学谐振腔。

然而,我们还没有介绍激光器的核心要素——增益介质(用于产生和放大激光辐射),并且在增益介质对辐射传播的影响方面,仅考虑了其宏观光学参数。例如,折射率 n 和吸收指数 α。在模拟激光辐射传播过程时,并没有考虑增益介质的微观结构及增益介质与辐射的相互作用机制。

在本章中,我们将继续完善这一部分的分析,将针对增益介质中激光辐射的产生,介绍增益介质的内部结构及其与辐射相互作用的基本机制。关于本章范围之外的更多细节问题,请读者参阅相关专业文献。

无论增益介质是气体、液体还是固体,均是由原子(atom)构成的。原子有许多不同的类型,区别在于它们的质量和原子核的电荷。不同类型的原子或者元素(element),根据它们的核电荷(nuclear charge)和电子层的结构,依次排列在元素周期表(periodic system of the elements)中。

至今,人们提出了许多不同的物理模型来描述原子的内部结构和相应的原子特性。表 7.1 给出了近代原子模型概览(按其发展先后顺序排列)。原子模型经过不断的演化完善来阐释一些新发现的现象。特别是薛定谔（Schroedinger）和海森堡（Heisenberg）在 20 世纪初对量子力学（quantum mechanics）的发展，促进了人类对原子内部结构及其与辐射相互作用的深入理解。

然而，我们并不需要采用最先进和最复杂的模型，一些相对简单的经典原子模型便可以用来解释许多物质属性。

表 7.1　近代原子模型概览

图示	模型	模型特色
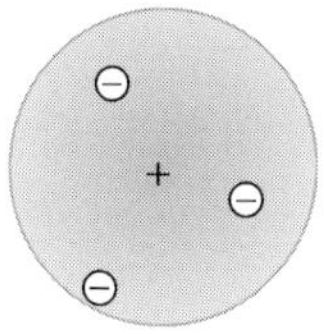	汤姆森（Thomson）模型：带负电的电子嵌入到带正电的球体中	原子被当作偶极子，洛伦兹（Lorentz）模型：色散，可解释辐射的经典衰减
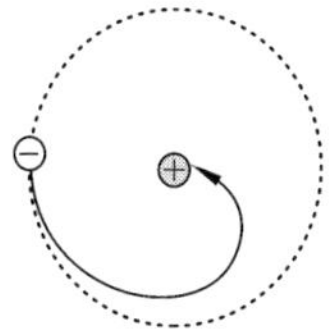	卢瑟福（Rutherford）模型：原子质量主要集中在带正电的原子核内	固有的不稳定性：可解释电子连续发射辐射和落入原子核
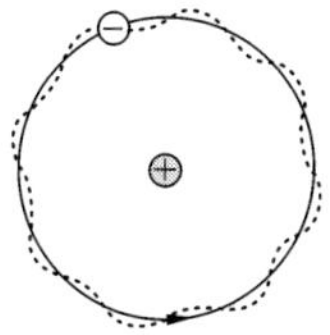	玻尔-索末菲（Bohr-Sommerfeld）模型：索末菲的假设（电子运动轨道为正圆）；受量子化条件制约的电子运行在闭合轨道上	解决了辐射不稳定性问题，并且可以预测原子线谱和原子的分立能级
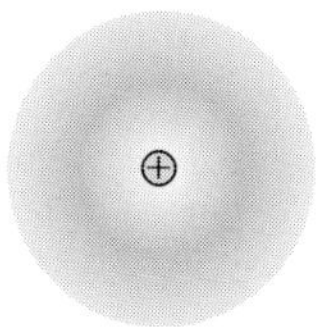	量子力学原子：电子在原子核库仑势作用下的量子力学描述	可解释谱线的能量（波长）和相对强度；吸收和受激发射
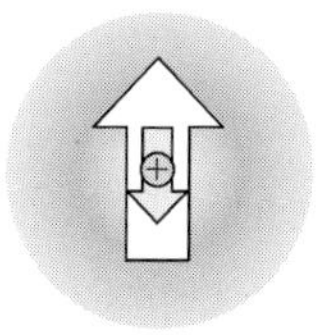	量子力学修正：增加了相对论效应；电子自旋；核自旋	能更好地解释谱线分布；可解释原子能级的精细和超精细结构
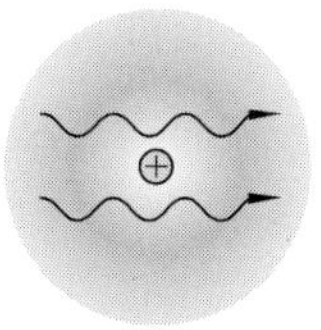	量子电动力学：与量子化辐射场的相互作用；电磁场的真空起伏	可解释自发辐射和自然线宽；可解释能级的兰姆移位

7.1 光的吸收和发射——谱线

在 19 世纪早期,就已经在太阳光谱中发现了许多暗线。在这些暗线被约瑟夫·冯·夫琅禾费(Joseph von Fraunhofer)发现之后,它们就被称为夫琅禾费谱线(Fraunhofer lines)。这些谱线是太阳色球层和地球大气吸收了特定波长的光而产生的。基尔霍夫(Kirchhoff)和本生(Bunsen)在 1860 年对钠和其他元素的吸收光谱进行了研究。在随后的一段时间里,光谱学,即谱线的测定,成为阐述原子和物质新理论发展的最重要工具之一。

光谱研究可以分为两种不同类别。一种是早期研究的吸收光谱学(absorption spectroscopy),即研究宽带光源的光透过物质的特性。使用光谱元件——棱镜,在空间上分辨光的光谱分量并将其投影在屏幕上,如图 7.1 所示。光源连续光谱中的暗线则代表了吸收谱线(absorption lines)。

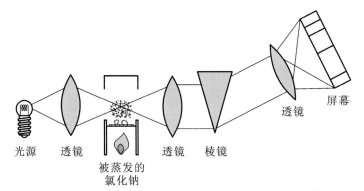

图 7.1 钠的吸收光谱测定实验示意图。屏幕上显示了存在暗线的连续光谱。这些暗线是钠的吸收线

另一种是辐射光谱学,用于研究的是含蒸发气态物质的光源,如钠蒸气灯,如图 7.2 所示。在这种情况下,光谱仅由该特定材料的发射谱线组成。

由这些光谱实验得出的结论,对理解原子结构具有重要意义(见图 7.3)。

(1)每种原子都有其特征辐射线和吸收谱线。每种原子只能吸收和辐射特定、离散波长的光。

(2)辐射光谱和吸收光谱中谱线的波长和强度是一致的。然而,并不是所有的谱线都出现在这两类光谱中,通常发射光谱比吸收光谱包含更多的谱线。

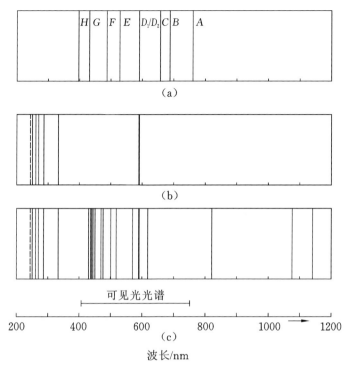

图 7.2　(a)太阳吸收光谱中的夫琅禾费谱线。谱线 A 和谱线 B 是由于地球大气吸收
　　　　作用而产生的,其他谱线是由于太阳色球层吸收作用而产生的。(b)最强烈的
　　　　谱线 D_1 和谱线 D_2 在太阳的吸收光谱中也可以观察到。(c)钠的发射光谱

（3）每种原子都存在一个截止波长,在此波长以下不再存在发射谱线或
吸收谱线。光谱并不局限于长波长。

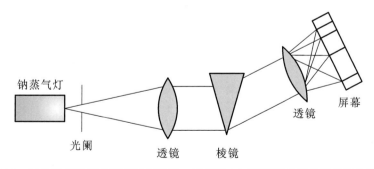

图 7.3　钠的发射光谱测定实验示意图。在屏幕上可以看到钠的发射谱线为亮线

尝试对这些实验结果进行阐释,推进了原子模型新的发展,最终形成了一
个全新的微观世界模型:量子力学。

7.2 偶极子模型

经证明,经典原子模型不足以解释原子的发射和吸收光谱。显然,用经典物理手段无法正确描述原子的内部结构。然而,经典的原子模型至少得出一个基本结论:原子包含正电荷和负电荷,这些电荷的排列可能受到外力的影响。

基于这些知识,发展出了能够反映物质的一些基本电磁特性的模型。假设每个原子由正电荷和负电荷组成,外部电场会使这些电荷在空间上分离,其分离程度与电场强度成正比。因此,就产生了偶极子(dipole)(见图7.4)。如果原子受到振荡电场的影响,则会产生一个振荡偶极子,它会自身发射辐射。

7.2.1 洛伦兹模型

由正电荷$+q$和负电荷$-q$组成偶极子,其偶极矩(dipole moment)为

$$\vec{p} = q \cdot \vec{d} \tag{7.1}$$

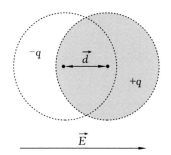

图 7.4 在电场中产生的偶极子

式中:$\vec{d}$是从负电荷指向正电荷的位移矢量[①](见图7.4)。在没有外部场的情况下,电荷保持相互间的平衡距离d_0。作用于电荷q的电场力为

$$\vec{F} = q \cdot \vec{E}$$

式中:$\vec{E}$表示振荡型外电场,即

$$\vec{E}(t) = \vec{E}_0 e^{-i\omega t}$$

因此对于偶极子的电荷振荡,可以用微分方程来描述,即

$$\ddot{\vec{d}} + b\dot{\vec{d}} + \omega_0^2(\vec{d} - \vec{d}_0) = \frac{q}{m}\vec{E}_0 e^{-i\omega t} \tag{7.2}$$

式中:b为阻尼系数;ω_0为偶极子的本征频率;m为振荡电荷的质量。

振荡的本征频率和阻尼取决于偶极子电荷之间的相互吸引力,这个微分方程的解为

$$\vec{d}(t) = \vec{d}_0 + \vec{d}_1 e^{-i\omega t}, \quad \vec{d}_1 = \frac{q\vec{E}_0}{m}\frac{1}{\omega_0^2 - \omega^2 - i\omega b} \tag{7.3}$$

---

① 通常,偶极矩定义为$\vec{p} = \int \rho(\vec{x}) \cdot \vec{x}\, d\vec{x}$,其中,$\rho$是电荷密度。对于近似点状电荷,积分可以简化为式(7.1)。

由此得出偶极矩为

$$\vec{p}(t) = q \cdot \vec{d}(t) = q\vec{d}_0 + q\vec{d}_1 \mathrm{e}^{-\mathrm{i}\omega t} \equiv \vec{p}_0 + \vec{p}_1(t) \qquad (7.4)$$

其中,振荡部分与电场成正比,即

$$\vec{p}_1(t) = \alpha \cdot \vec{E}(t), \quad \alpha(\omega) = \frac{q^2}{m(\omega_0^2 - \omega^2 - \mathrm{i}\omega b)} \qquad (7.5)$$

式中:α 是原子的极化率(polarizability)。

由 N 个原子组成的介质的宏观极化(polarization)可简化为所有原子偶极矩总和,即

$$\vec{P} = N \cdot \vec{p} = Nq \cdot \vec{d} \qquad (7.6)$$

式中:$\vec{P}$ 为介质的极化(polarization of the medium)。

利用这样的方法,偶极电荷的微观位移 d 与宏观材料特性相关联,该模型称为光与物质相互作用的洛伦兹模型,如图 7.5 所示。

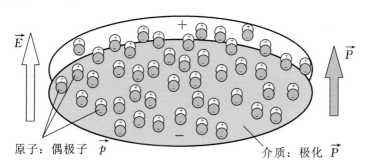

原子:偶极子 $\vec{p}$ 　　　　　　　　介质:极化 $\vec{P}$

图 7.5　通过外部电场诱导原子偶极子,使整个介质产生极化

7.2.2　复折射率

宏观极化与电场之间的线性关系已经在 3.2.4 节中给出,用电磁化率或介电函数可表示为

$$\vec{P} = \varepsilon_0 \chi(\omega)\vec{E} \equiv \varepsilon_0 [\varepsilon(\omega) - 1]\vec{E} \qquad (7.7)$$

式中:ε_0 为真空介电常数;$\chi(\omega)$ 为电磁化率;$\varepsilon(\omega)$ 为介电函数。

通常,以上两个函数都是张量:电场矢量 $\vec{E}$ 和极化矢量 $\vec{P}$ 不必是平行的。联立式(7.5)至式(7.7),可以导出偶极子中电磁化率,近似表示为

$$\chi(\omega) = \frac{1}{\varepsilon_0} N\alpha(\omega) = \frac{Nq^2}{m\varepsilon_0} \frac{1}{\omega_0^2 - \omega^2 - \mathrm{i}\omega b} \qquad (7.8)$$

在这种情况下,电磁化率是角频率 ω 的复函数和标量函数。从 3.2.4 节可

以得出，介电函数与折射率之间的关系为

$$\tilde{n}^2 = \varepsilon(\omega) = \chi(\omega) + 1 \tag{7.9}$$

式中：$\tilde{n}$ 为复折射率。

由于磁化率是复数，折射率也必然为复数。当观察波在所述介质中传播时，复折射指数变得更为容易理解，即

$$E(z) \sim \exp(i\tilde{n}kz) = \exp(i\tilde{n}_r kz)\, \exp(-\tilde{n}_i kz), \quad \tilde{n}_r = \Re(\tilde{n}), \tilde{n}_i = \Im(\tilde{n})$$

$$\tag{7.10}$$

虽然复折射指数的实部与实际折射指数对应，它的虚部描述了波在穿透介质时的衰减或吸收，有

$$\Re(\tilde{n}) = n, \quad \Im(\tilde{n}) = \kappa \tag{7.11}$$

式中：n 为实际折射率；κ 为吸收指数。

根据式(7.9)，复折射指数被分为实部和虚部两个部分，从而得到真实折射率、吸收指数和磁化指数之间的关系，即

$$\tilde{n}^2 = n^2 - \kappa^2 + 2in\kappa \Rightarrow n^2 - \kappa^2 = 1 + \Re(\chi),$$

$$2n\kappa = \Im(\chi) \tag{7.12}$$

在某些情况下，如稀薄气体，$\tilde{n} \approx 1$ 是有效的。在这个情况下，磁化指数的实部和虚部直接与折射率和吸收指数相关，即

$$\begin{cases} n(\omega) \approx 1 + \dfrac{1}{2}\Re(\chi) = 1 + \dfrac{q^2 N}{2\varepsilon_0 m} \dfrac{\omega_0^2 - \omega^2}{(\omega_0^2 - \omega^2)^2 + \omega^2 b^2} \\[3mm] \kappa(\omega) \approx \dfrac{1}{2}\Im(\chi) = \dfrac{q^2 N}{2\varepsilon_0 m} \dfrac{\omega b}{(\omega_0^2 - \omega^2)^2 + \omega^2 b^2} \end{cases} \tag{7.13}$$

这些关系在图 7.6 中被表示为外部电场频率 ω 的函数。

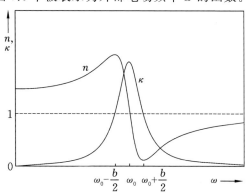

图 7.6 根据洛伦兹模型，折射率 n 和吸收指数 κ 是频率 ω 的函数

7.2.3　色散关系

折射率对频率的依赖性通常称为色散。

（1）当频率远小于共振频率时，有

$$\lim_{\omega \to 0} n(\omega) = 1 + \frac{q^2 N}{2\varepsilon_0 m \omega_0^2}$$

因此，折射率趋于一个值，这个值仅取决于材料参数，但是该值大于 1。

（2）当 ω 比 ω_0 大很多时，有

$$\lim_{\omega \to \infty} n(\omega) = 1$$

因此当频率明显大于共振频率时，折射率趋于 1。

（3）当频率接近共振频率，即 $\omega \approx \omega_0$ 时，折射率可近似为

$$n(\omega) \approx 1 + \frac{q^2 N}{2\varepsilon_0 m} \frac{\omega_0^2 - \omega^2}{\omega_0^2 b^2}$$

式中：分母中的 ω 用 ω_0 代替。当 $\omega = \omega_0$ 时，折射率为 1；当 $\omega > \omega_0$ 时，折射率总是小于 1。

通常，原子系统具有几个共振频率。因此，色散曲线由多个部分组成（见图 7.7）。

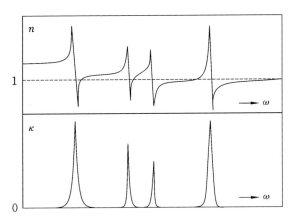

图 7.7　具有多个共振频率的原子系统的吸收指数 κ 和折射率 n 的示意图

折射率随频率增加的区域称为正常色散（normal dispersion）区域，其他情况称为反常色散（anomalous dispersion）。由大多数玻璃中发生的可见光折射现象能观察到正常色散：红光（较长波长和较低频率）的折射率小于蓝光（较短波长和较高频率）的。

7.2.4 吸收

现在我们讨论吸收指数 $\kappa(\omega)$。当频率远小于共振频率或远大于共振频率时，吸收指数接近零，即

$$\lim_{\omega \to 0} \kappa(\omega) = 0, \quad \lim_{\omega \to \infty} \kappa(\omega) = 0$$

当频率在共振频率附近，即 $\omega \approx \omega_0$ 时，吸收指数可达到最大值。受阻尼系数 b 的影响，其最大值的位置会相对于共振频率产生偏移；当式（7.13）的分母取最小值时，可以确定其大概位置，即

$$\frac{d}{d\omega}\left[(\omega_0^2 - \omega^2)^2 + b^2\omega^2\right] = -4\omega(\omega_0^2 - \omega^2) + 2b^2\omega = 0 \Rightarrow \omega_{max}^2 = \omega_0^2 - \frac{b^2}{2} \quad (7.14)$$

当阻尼系数 b 较小时，最大吸收指数可以近似于

$$\omega_{max} \approx \omega_0 : \kappa_{max} \approx \kappa(\omega_0) = \frac{q^2 N}{2\varepsilon_0 m} \frac{1}{\omega_0 b} \quad (7.15)$$

因此，最大吸收指数与阻尼系数成反比：弱阻尼导致了具有强吸收的共振谱线。

由式（7.10）可知，吸收指数描述了在介质中传播的波的场幅的减小：

$$E(z) \sim \exp(-\kappa k z)$$

波的强度与场幅的平方成正比，从而有

$$I(z) = I_0 \exp(-2\kappa k z) = I_0 \exp(-\alpha z), \quad \alpha = 2k\kappa \quad (7.16)$$

式中：α 为吸收系数。

这就是朗伯-比尔定律（Lambert Beer's Law），它表明波在吸收介质中传播时，其强度随传输距离的增大而降低。这个定律的有效性很容易通过实验证明，如图 7.8 所示。

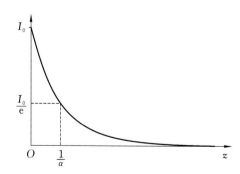

图 7.8　朗伯-比尔定律：吸收系数 α 随吸收介质中强度的指数衰减

对于放大激光介质（amplifying laser medium），情况恰好相反，即在介质中传输时强度增加。显然，吸收系数 α 必须是负的才能达到这种效果。在这种情况

下,定义了放大系数(amplification coefficient)或增益系数(gain coefficient)

$$g = -\alpha > 0 \tag{7.17}$$

式中:g 为增益系数。

在当前模型中,吸收指数 κ 必须是负值才能得到正放大系数。但是,根据式(7.13)可知这是不可能的,因为阻尼系数 b 显然总是正值。[2] 这表明,虽然这个经典的物理模型很简单,可以解释基本的折射现象和吸收现象,但不足以解释激光介质中的放大原理。为此,需要引入量子物理模型。

7.3　量子物理学:光子和速率方程

基于经典力学和电动力学的所有模型,在很多方面都不能充分解释辐射与物质的相互作用。诸多实验结果显示,如谱线、X 射线辐射和光电效应都无法得到解释。1900 年,马克斯·普朗克(Max Planck)在阐述热平衡辐射光谱分布定律时,首次提出能量量子化假设。1905 年,阿尔伯特·爱因斯坦(Albert Einstein)基于光量子或光子(photons)的吸收,提出了关于光电效应的解释。因此,阿尔伯特·爱因斯坦在 1921 年获得了诺贝尔奖。这是量子物理学发展的起点,从那时起,它改变了物理学的世界观。

量子物理学有两个最基本的观点。

(1) 粒子和波之间没有根本区别。粒子能够展示波的特征,而波也可以表现出像粒子一样的行为,这依赖于如何测量。

(2) 某些现象和可测量值在本质上被量子化。它们只存在于一个个的台阶上(量子),而不像在经典物理学中那样是连续变化的。

这两个基本特征对微观物理学现象的解释有着广泛的影响。

量子力学研究的是粒子的量子物理描述,将它们各自的波特征考虑在内,而波和场则是用经典物理学的方法进行描述。量子力学理论由维尔纳·海森堡(Werner Heisenberg)和埃尔温·薛定谔(Erwin Schroedinger)分别在 1925 年和 1926 年独立提出。薛定谔推导出了描述量子力学波函数(wave functions)时空演化的基本方程:薛定谔方程(The Schroedinger equation)。

量子场理论(quantum field theory)将量子物理模型扩展到场,并得出了

---

② 在经典图像中,作为耗散能量损失的后果,衰减描述了振荡幅度的减小,例如,由于机械摩擦而导致耗散能量损失。这些过程不能逆转,从而使能量增加(热力学第二定律)。因此阻尼系数总是正的。

粒子和场的对称描述。从理论上说,场和粒子已不再是互不相关的。只有在实际测量中,粒子和波之间的区别会在不同的测量方法中体现出来。量子场理论的基本原理是在 1950 年前后由费曼(Feynman)、施温格(Schwinger)和朝永振一郎(Tomonaga)针对量子电动力学(quantum electrodynamics)(电磁场和波的量子物理描述)的具体情况提出的。

为了对量子物理学及其数学表达进行更深刻的阐述,我们参考了相关的专业文献。下面几节将重点介绍由量子理论导出的简化原子模型,以及量子物理描述对辐射的吸收和发射的基本过程。

7.3.1 原子的量子力学模型

原子的量子力学模型的主要优点是能够比较合理地解释原子发射和吸收光谱的特征。从某种程度说,玻尔-索末菲模型也能做到这一点,但仅基于玻尔的这种没有物理基础的假设。虽然玻尔在他的假设中有效地假设了某些量子化规则,但他并不能推导或合理解释这些规则。

在量子力学的原子中,电子不再被表述为在原子核库仑势中沿着确定轨道运动的粒子。相反,它们由一组波函数描述,并且每个波函数对应于电子的一个特定状态。这些波函数是库仑势薛定谔方程的本征函数,并且波函数的绝对值反映了在某一位置上找到电子的概率。各自的本征值对应于表征电子各自状态的一组量子化值,其中某些值与经典变量相对应,如能量和角动量(见图 7.9)。

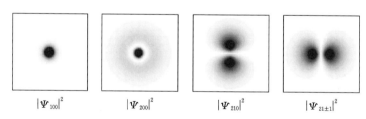

$$|\Psi_{100}|^2 \qquad |\Psi_{200}|^2 \qquad |\Psi_{210}|^2 \qquad |\Psi_{21\pm1}|^2$$

图 7.9 氢原子电子的概率密度分布截面,对于 $n=1,2;l=0,1$ 和 $m=0,\pm1$

因此,每个电子态或能级都由以下四个量子数定义。

(1)主量子数 n 为

$$n=1,2,3,\cdots,\infty$$

(2)角动量量子数 l 为

$$l=0,1,2,\cdots,(n-1)$$

(3)磁量子数 m 为

$$m=-l,(-l+1),\cdots,(l-1),l$$

（4）自旋量子数 s 为

$$s = \pm 1/2$$

最简单的原子，只有一个电子，就是氢原子。从量子力学描述来看，氢原子的能级为

$$E_{nlms} \equiv E_n = -\frac{m_e e^4}{2(4\pi\varepsilon_0\hbar)^2} \cdot \frac{1}{n^2} \tag{7.18}$$

由于氢原子只有一个电子并因此表现出完美的球对称性，不同本征态的能量仅取决于主量子数 n，尽管相应的波函数也依赖于其他量子数。因此，具有相同主量子数 n 但不同量子数 l、m 和 s 的电子态被认为是简并的（degenerate）。在这种情况下，每个能级 E_n 对应 n^2 个不同的波函数（概率密度）。考虑电子自旋后，共有 $2n^2$ 个电子态。例如，假设简并状态可以被外部影响所解除，如图 7.10 所示。

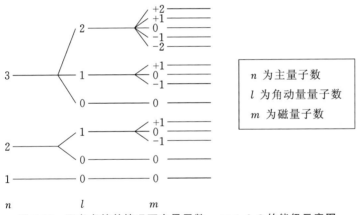

图 7.10　不考虑简并情况下主量子数 $n = 1, 2, 3$ 的能级示意图。

不考虑电子自旋，导致每个能级分裂为两个子能级

施加外部电场可以改变氢原子电势的球对称性，从而解除能级 E_n 对角动量量子数 l 的简并性。施加外部磁场，可以解除磁量子数 m 和自旋量子数 s 的简并性。在这种情况下，不同状态下的能量也依赖于量子数 l、m 和 s。

实际上，基于薛定谔方程的量子力学描述只反映了氢原子能级的主要结构。在考虑更多细节时，如原子核的自旋，即使没有外部影响，能级的简并性也可以被解除。

对于多电子原子，情况更复杂。薛定谔方程变成了每个单电子波函数的微分方程的组合。由于所有电子都通过库仑力和相互诱导的磁力相互作用，

因此这些微分方程是耦合的。实际上,每个电子不再受到旋转对称的库仑势的影响,而是受到异形电势的影响,这个异形电势是受其他电子影响而产生的。这导致了能级偏移和分裂。通常,这些原子的能级只能通过数值方法进行计算。

当原子置于由麦克斯韦方程描述的电磁波中时,利用该量子力学模型可以推导出原子能级之间三个基本跃迁中的两个跃迁过程,即吸收和受激发射。第三个基本跃迁过程,自发辐射,只能利用量子电动力学模型(quantum electrodynamical model)得出,此时电磁场由量子物理描述。在量子电动力学模型中,对粒子和场的处理是对称性的:按照不同的测量方式,粒子可以展示波动特征,而波或场也可以展示粒子特征,光子(photon)是对应于电磁场的粒子。如同物质由诸如电子、中子和质子之类的粒子组成一样,在该模型中,光由光子组成。

7.3.2　光子

虽然麦克斯韦方程很好地描述了电磁波的许多特性,但事实证明它们无法解释其他一些实验现象。

根据麦克斯韦方程,光波的能量与其强度成正比,与其频率无关。然而,在 19 世纪末期,有几个实验结果与这个特征相矛盾。

(1)某些化学反应可由具有高频率的光触发,而较低频率的光则无效,与光强大小无关。

(2)光照射时,电子可从金属表面逸出,然而,其同样需要具有足够高的光频率。逸出的电子的动能与光频率成正比,而与强度无关,这种现象称为光电效应(photoelectric effect)。

1900 年在解释黑体辐射的时候,马克斯·普朗克首次提出电磁辐射能量量子化的概念。在他的解释中,辐射由光量子组成,其能量与光的频率成正比:

$$E = h\nu$$

因此,能量和频率的比例常数 h 称为普朗克常数:

$$h = 6.26069 \times 10^{34} \text{ Js}$$

然而,普朗克将量子化解释为物质发射和吸收辐射的特征,而不是辐射场本身的性质。针对他对光电效应的解释,阿尔伯特·爱因斯坦在 1905 年指出,量子化确实是辐射场本身的性质。爱因斯坦在自己的模型中,虽然承认麦克斯韦方程的正确性,但他认为辐射的能量集中在局部的光量子中。这是光辐射的光子模型(photon model)的开端。

基于该模型,光子的以下基本属性已经通过实验验证。

(1) 光子没有质量,$m_{Ph}=0$,并且在真空中总是以光速 c 传播。

(2) 其能量与光的频率相关,其动量与波长相关:

$$E_{Ph}=h\nu\equiv\hbar\omega, \quad p_{Ph}=\frac{h}{\lambda}\equiv\hbar k \tag{7.19}$$

式中:$\hbar=\dfrac{h}{2\pi}$,E_{Ph} 为光子的能量;p_{Ph} 为光子的动量。

光子动量和波长之间的关联性已经在实验中被阿瑟·康普顿(Arthur Compton)所验证,他于 1927 年获得诺贝尔物理学奖。

(1) 光子是玻色子(boson),它的自旋值为 +1 或 -1。这两个自旋值对应电磁波的两种可能的偏振态。

(2) 波的能量值由光子数给出:

$$\langle W_{em}\rangle = N \cdot E_{Ph} = N \cdot \hbar\omega \tag{7.20}$$

式中:$\langle W_{em}\rangle$ 为光波能量或平均场能量;N 为光子数。

与此相同,即一块材料的总质量由它所包含颗粒的总质量给出。电磁场的能量不能分成比光子能量小的部分。

由此可以直接得出,光波的强度与光子密度成正比:

$$I=c\langle w_{em}\rangle=c \cdot n \cdot \hbar\omega \tag{7.21}$$

式中:$\langle w_{em}\rangle$ 为光波的能量密度;n 为光子密度。

7.3.3　光子的吸收和发射

通过将光波表示为粒子流,电磁辐射(光子)和物质(原子)之间的相互作用可以用经典力学的描述来进行类比解释。

当一个光子被一个原子吸收时,光子就消失了。其能量 $E_{Ph}=h\nu$ 转移到该原子上,这使得该电子跃迁到更高的能级(见图 7.11)。

由于原子的各能级 E_n 对应特定能量值,所以只有与两个能级差完全相等的光子能量才能被转换。吸收光子能量的条件表达为

$$h\nu=E_m-E_n \tag{7.22}$$

式中:$h\nu$ 为吸收光子的能量;E_n 和 E_m 为原子的能级,有 $E_m>E_n$。

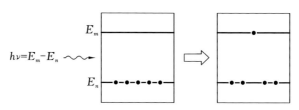

图 7.11　光子的吸收[*]

　　对于任何一对能级(n,m),不满足上述条件的光子就不能被原子吸收。当一个原子吸收了一个或多个光子时,它的电子不再处于具有最低能量的状态,这个原子称为受激发(或者说处于激发态)的原子。

　　一个激发态的原子能够发射一个光子而跃迁到一个较低的激发态,这意味着其中一个电子跃迁到较低能级。在该过程中释放的能量 $E_m - E_n$ 以光子的形式发射,其频率与该能量相对应。因此,在辐射过程中产生了一个光子。

　　然而,我们需要区分两种不同的辐射过程。在自发辐射情况下,原子在没有外部激励的条件下跃迁到较低能级(见图 7.12)。这个过程产生的光子,其能量依旧遵循式(7.22)[**]中的能量条件,但发射方向、偏振和相位是任意的。[③]当发生大量自发辐射过程时,光子在所有空间方向上的发射具有统计均匀的偏振和相位分布。

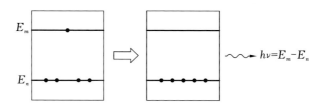

图 7.12　受激原子中光子的自发辐射

　　在受激发射的情况下,发射过程由电磁波触发,或者在光子的照射中,由光子触发。原子再次转换到较低的能级状态,发射出具有相应能量的光子。然而,在这种情况下,发射光子与触发光子完全相同,包括能量、发射方向、偏振和相位都完全相同。触发光子必须满足式(7.22)[***]中的能量条件,才能实现受激发射过程,如图 7.13 所示。

----

　*　原版英文书中为 $hn = E_m - E_n$,应是笔误。

　**　原版英文书中为式(7.71),应是笔误。

　③　相应波函数的相位。

　***　原版英文书中为式(7.71),应是笔误。

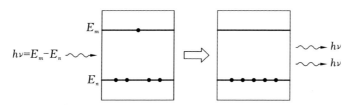

图 7.13 受激发射。被辐射的光子导致发射第二个相同的光子

由于自发辐射不需要触发条件,它可以发生在任何时间,只要各自的原子处于激发态。这意味着每个原子将在有限的时间内保持激发态。

这个时间周期对于每个能级是不相同的,称为各自能级的寿命(lifetime)。导致原子从较高能级 E_m 弛豫到较低能级 E_n 的自发辐射事件在每单位时间内的概率表示为 $w_{mn}^{(Sp)}$。为了得到自发辐射的总概率,必须对跃迁到所有可用低能级的概率求和,即

$$w_m^{(Sp)} = \sum_{n<m} w_{mn}^{(Sp)} \tag{7.23}$$

如果只将自发辐射作为能量弛豫机制,那么转换概率的倒数值就是原子平均停留在激发能级 E_m 中的时间,这个时间称为能级 E_m 的寿命,即

$$\tau_m = \frac{1}{w_m^{(Sp)}} \tag{7.24}$$

式中:τ_m 为第 m 能级的寿命。

如果原子处于基态,就不可能有自发辐射。因此,最低能级的寿命是无限的。作为能量-时间不确定关系(energy-time uncertainty principle)的结果,有限的寿命 τ_m 意味着自身能级有一个不确定范围,即

$$\Delta E_m = \frac{\hbar}{\tau_m} \tag{7.25}$$

式中:ΔE_m 为第 m 能级的能量不确定性。

由于能量的不确定性,能级之间的所有跃迁都具有特定线宽,即

$$\Delta \nu_{mn} = \frac{1}{h}(\Delta E_m + \Delta E_n) = \frac{1}{2\pi}\left(\frac{1}{\tau_m} + \frac{1}{\tau_n}\right) \tag{7.26}$$

式中:$\Delta \nu_{mn}$ 为从 E_m 到 E_n 的自然线宽。

原子辐射和吸收谱线的这种加宽称为自然线宽,因为它不受任何外部影响,而是各自跃迁的固有特征。自然加宽谱线的线形服从洛伦兹分布(Lorentz distribution)(见图 7.14):

$$f_L(\nu) = \frac{\Delta\nu_{mn}/2}{(\nu - \nu_{mn})^2 + (\Delta\nu_{mn}/2)^2} \tag{7.27}$$

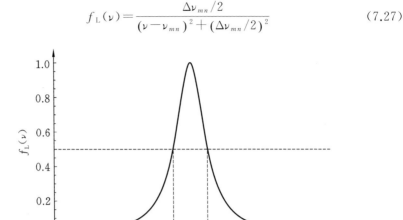

图 7.14　洛伦兹分布。$\triangle\nu$ 为分布的宽度，以其最大值的一半作为测量标准

在波模型中观察辐射过程时，可以理解这种谱线线形：由于辐射过程中粒子数总体概率降低，辐射波的振幅呈指数衰减。辐射线的洛伦兹线形遵从辐射波的傅里叶变换。

7.3.4　爱因斯坦速率方程

从单个原子的发射和吸收过程模型到由多个原子组成的介质的发射和吸收特性的模型的转变，是通过用跃迁速率描述三个基本跃迁过程来完成的。如果观察到介质中的原子总数是 N，并且每个原子处于能态 E_n 的概率为 w_n，则统计上的平均数为

$$N_n = w_n N \tag{7.28}$$

式中：N_n 为处于能态 E_n 的粒子数。

原子在任何时候都处于能态 E_n。假设只需考虑能级 E_1 和 E_2，那么在任何时候都有

$$N = N_1 + N_2 \tag{7.29}$$

如果原子总数 N 不随时间变化而变化，则足以描述其中一个能级的原子数量。当光子频率等于两个能级之间的跃迁频率时，该光子数由 $\rho(\nu_{21})$ 给出。

原子吸收过程导致高能级 E_2 的总体数量的增加，其一方面与光子数 $\rho(\nu_{21})$ 成比例，另一方面与较低能级 E_1 的原子数成比例。因此，吸收的跃迁率为

$$\frac{\mathrm{d}}{\mathrm{d}t}N_2 = -\frac{\mathrm{d}}{\mathrm{d}t}N_1 = B_{12}N_1\rho(\nu_{21}) \tag{7.30}$$

式中：B_{12} 为爱因斯坦吸收系数。

由于 N 是常数，N_1 总是表现出 N_2 的反向行为。这种关系中的比例常数称为爱因斯坦吸收系数，被记为 B_{12}。同样，受激发射的跃迁率为

$$\frac{\mathrm{d}}{\mathrm{d}t}N_1 = -\frac{\mathrm{d}}{\mathrm{d}t}N_2 = B_{21}N_2\rho(\nu_{21}) \tag{7.31}$$

式中：B_{21} 为爱因斯坦受激发射系数。

然而，自发辐射与光子数无关，因为光子的存在不是这个过程的先决条件，即

$$\frac{\mathrm{d}}{\mathrm{d}t}N_1 = -\frac{\mathrm{d}}{\mathrm{d}t}N_2 = A_{21}N_2 \tag{7.32}$$

式中：A_{21} 为爱因斯坦自发辐射系数。

将三个基本跃迁过程的跃迁率结合在一起，我们可以得到能级原子数和光子数的爱因斯坦速率方程（Einstein's rate equations），即

$$\frac{\mathrm{d}}{\mathrm{d}t}N_1 = -\frac{\mathrm{d}}{\mathrm{d}t}N_2 = \frac{\mathrm{d}}{\mathrm{d}t}\rho(\nu_{21}) = A_{21}N_2 + (B_{21}N_2 - B_{12}N_1)\rho(\nu_{21}) \tag{7.33}$$

或根据式(7.29)[*]，可得到

$$\frac{\mathrm{d}}{\mathrm{d}t}N_2 = -[A_{21} + (B_{21} + B_{12})\rho(\nu_{21})]N_2 + B_{12}\rho(\nu_{21})N_1 \tag{7.34}$$

爱因斯坦的速率方程对平衡和非平衡状态均是有效的。然而，因研究介质不同，可能存在多于两个能级的相关跃迁过程，并且除了吸收和发射之外，还可能出现其他非辐射激发和弛豫过程。

7.3.5　普朗克定律

首先，速率方程应用于热平衡或热辐射中的辐射描述。太阳和白炽灯是热辐射源的良好例子。热平衡的一个先决条件是，观察到的物体和周围的辐射场可以在相同的温度下进行表征，因此物体和辐射场之间没有净能量流：物体放出的辐射量与吸收的辐射量相等。因此能级的粒子数和光子数是恒定的，有

$$\frac{\mathrm{d}}{\mathrm{d}t}N_1 = \frac{\mathrm{d}}{\mathrm{d}t}N_2 = \frac{\mathrm{d}}{\mathrm{d}t}\rho(\nu) = 0 \tag{7.35}$$

---

[*] 原版英文书中为式(7.78)，应是笔误。

此外,由统计物理学可知,在热平衡中,能级上的粒子数服从玻尔兹曼分布,即

$$\frac{N_2}{N_1}=\exp\left(-\frac{E_2-E_1}{k_B T}\right) \tag{7.36}$$

将式(7.36)引入爱因斯坦速率方程(式(7.33)),得到

$$\rho(\nu)=\frac{A_{21}}{B_{12}}\frac{1}{\exp\left(\dfrac{h\nu}{k_B T}\right)-\dfrac{B_{21}}{B_{12}}},\quad E_2-E_1=h\nu \tag{7.37}$$

当 $T\to\infty$ 时,光子密度也必须接近无穷大, $\rho(\nu)\to\infty$。因此,要求

$$\frac{B_{21}}{B_{12}}\overset{!}{=}\lim_{T\to\infty}\exp\left(\frac{h\nu}{k_B T}\right)=1\Rightarrow B_{12}=B_{21} \tag{7.38}$$

式(7.37)中的 A_{21}/B_{12} 可以通过瑞利-琼斯定律(Ray leigh-Jeans law)进行比较来确定,即

$$\rho(\nu)=8\pi\frac{\nu^2}{c^3}k_B T \tag{7.39}$$

式中: $k_B=1.38\times10^{-23}$ J/K,为玻尔兹曼常数; T 为(绝对)温度(K)。

自 1900 年以来,瑞利-琼斯定律作为对低频热辐射的准确描述方式而被人们熟知。

在低频率极限下,式(7.37)中的指数项可以用一阶级数展开来求近似,即

$$h\nu\ll k_B T:\rho(\nu)\approx\frac{A_{21}}{B_{12}}\frac{k_B T}{h\nu}\overset{!}{=}8\pi\frac{\nu^2}{c^3}k_B T\Rightarrow A_{21}=8\pi\frac{\nu^2}{c^3}h\nu B_{12} \tag{7.40}$$

因此,式(7.37)变为

$$\rho(\nu)=8\pi\frac{\nu^2}{c^3}h\nu\frac{1}{\exp\left(\dfrac{h\nu}{k_B T}\right)-1} \tag{7.41}$$

这是热平衡中辐射光谱能量密度的普朗克定律(Planck's law)(见图 7.15)。

光谱能量密度 $\rho(\nu)$ 在频率 ν_{max} 处取其最大值,即

$$\frac{\mathrm{d}\rho}{\mathrm{d}\nu}=0\Rightarrow\nu_{max}\approx\frac{5}{h}k_B T \tag{7.42}$$

最大值的位置随着温度的升高成比例地向更高的频率移动,这种关系称为维恩位移定律(Wien's displacement law)。从谱能量分布拐点的位置可以计算出其半宽,即

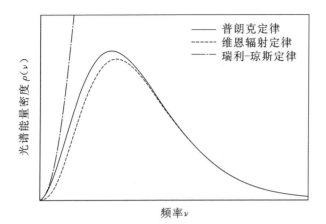

图 7.15 普朗克定律及其在低频和高频下的近似值,瑞利-琼斯定律和维恩辐射定律

$$\frac{\mathrm{d}^2\rho}{\mathrm{d}\nu^2}=0 \Rightarrow \delta\nu \approx \frac{5}{h}k_\mathrm{B}T = \nu_\mathrm{max} \tag{7.43}$$

通常,相对线宽的倒数值称为辐射系统的品质因数 Q 或 Q 值(quality factor Q or Q-factor),有

$$Q = \frac{\nu_\mathrm{max}}{\delta\nu} \tag{7.44}$$

热辐射遵从 $Q=1$。这是 Q 值可能达到的最低值:纯热辐射源的 Q 值与理想激光完全相反。这里的理想激光是指通过高质量的光学谐振腔发射单色光辐射。[4]

热辐射的总能量密度(total energy density)来自普朗克分布在所有频率上的积分,即

$$w_\mathrm{th} = \int_0^\infty \rho(\nu)\mathrm{d}\nu$$

$$= \frac{8\pi}{c^3h^3}(k_\mathrm{B}T)^4 \int_0^\infty \frac{x^3}{\mathrm{e}^x-1}\mathrm{d}x \quad \mathrm{mit} \quad x = \frac{h\nu}{k_\mathrm{B}T} \tag{7.45}$$

$$= \frac{8\pi}{c^3h^3}(k_\mathrm{B}T)^4 \frac{\pi^4}{15}$$

这意味着热辐射的总能量密度按 T^4 的方式增大。热辐射强度为

$$I_\mathrm{th} = \frac{1}{2}c w_\mathrm{th} \tag{7.46}$$

---

④ 利用激光谐振腔,可以实现 $Q>10^7$ 的品质因数。

由于式(7.46)中有 1/2 这个因子,热辐射向空间中的所有方向发射,仅有一半的辐射被发射在$+z$的方向上。由式(7.45)和式(7.46)* 可知斯特藩-玻尔兹曼热辐射强度定律(Stefan-Boltzmann law)表示为

$$I_{th} = \sigma T^4 \tag{7.47}$$

式中:$\sigma = \dfrac{4\pi^5}{15}\dfrac{k_B^4}{c^2 h^3} = 5.67 \times 10^{-8}\dfrac{W}{m^2 K^4}$,为斯特藩-玻尔兹曼常数。

普朗克定律推导的另一种独立的方法是基于封闭腔内辐射的统计描述。在这种情况下,爱因斯坦发射系数和吸收系数之间的关系也可以由此直接推导出来。

7.3.6 粒子数反转和放大

通过定义总粒子数 N 和粒子数反转(population inversion)D,可以用更紧凑的形式表示二能级系统的爱因斯坦速率方程,即

$$N = N_1 + N_2, \quad D = N_2 - N_1 \tag{7.48}$$

依此定义,粒子数 N_1 和 N_2 写为

$$N_2 = \frac{1}{2}(N+D), \quad N_1 = \frac{1}{2}(N-D) \tag{7.49}$$

将它们代入爱因斯坦速率方程(式(7.33)和式(7.34))** ,可得粒子数反转方程和光子数方程⑤,即

$$\begin{cases} \dfrac{d}{dt}D = -(A+2B\rho)D - AN \\ \dfrac{d}{dt}\rho = BD\rho + \dfrac{A}{2}(N+D) \end{cases} \tag{7.50}$$

对于光子数 ρ 很大的情况,在式(7.50)中,与 A 成正比的项可以忽略,从而得到关于 ρ 的线性微分方程,即

$$\frac{d}{dt}\rho = BD\rho \Rightarrow \rho(t) = \rho(0) \cdot \exp(BD \cdot t) \tag{7.51}$$

从这个简化方程的解可以明显看出,只有在 $D > 0$ 的情况下,光子数才随时间增加,只有正的粒子数反转才能获得净放大,否则吸收总是超过发射。在稳态情况下,粒子数反转满足

---

* 　原版英文书中为式(7.94)和式(7.95),应是笔误。

** 　原版英文书中为式(7.82),应是笔误。

⑤ 　在二能级系统中,爱因斯坦系数的指数是多余的,所以在后面都省略了。

$$\frac{\mathrm{d}}{\mathrm{d}t}D = 0 \Rightarrow D = -\frac{AN}{A+2B\rho} \qquad (7.52)$$

这意味着,在一个二能级系统中,除了能级 E_1 和 E_2 之间的直接跃迁之外没有其他附加过程,粒子数反转总是负的。$\rho \rightarrow \infty$ 或 $A \rightarrow 0$ 时,粒子数反转 $D = 0$。只要介质处于热平衡状态,介质总是在吸收能量,永远不会放大。这非常符合日常生活经验。为了实现放大,必须采用一个附加过程,使介质产生粒子数反转。在有激光的情况下,这个过程称为泵浦过程(pump process)。

参考文献

Brehm,J.J. and Mullin,W.J.,"Introduction to the Structure of Matter:A Course in Modern Physics,"(Wiley,New York,1989) ISBN 047160531X.

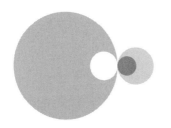

第 8 章
激光辐射的产生

第 7 章给出了关于辐射与物质相互作用的基础知识,并推导出了产生激光辐射的必要条件:粒子数反转。粒子数反转确保受激发射占主导地位,这是产生激光的基本过程。

8.1 激光原理

激光转换熵[①]将低质量的能量转换为最高质量的能量——激光能量是最高质量的能量。其特征是,在激光辐射的焦点可以获得空间和时间上的高能量密度。与此相反,用于泵浦激光的能量,其初始形式通常不太集中,例如,这种能量由若干个泵浦灯的热光组合而成,或用电流激发。该能量被传送并以粒子数反转(population inversion)的形式存储在激光介质中。存储的能量通过受激发射(stimulated emission)最终转化为激光辐射。该转换过程的特性配合激光谐振腔的反馈效应,可以实现高质量的传输能量:单个原子传递的能量是有效同步的。因此,激光辐射具有高度有序性(见图 8.1)。

本章首先综述激光的内部运转模式,然后详细研究激光运转的相关单个过程。

---

① 熵是有序度或能量质量的一种度量。较低的熵意味着高度有序和高质量。不可逆过程总是导致熵的增加。

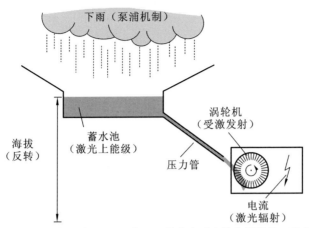

图 8.1　通过水力发电产生电流的原理图,类似于激光介质中的能量转换。激光介质由水循环
　　　　代替。雨水流入集水盆地,通过压力管道将存储的水集中导入涡轮机并转化为电能

8.2　产生粒子数反转

粒子数反转的产生具有关键作用:没有反转,放大及激光发射是不可能实现的。

产生粒子数反转的初始状态是激光介质处于热平衡之中。各能级上的粒子数服从玻尔兹曼分布,即

$$N_n = N_0 \exp\left(-\frac{E_n - E_0}{k_B T}\right) \tag{8.1}$$

式中:E_0 和 N_0 分别为基态能量和基态粒子数;E_n 和 N_n 分别为第 n 能级能量和第 n 能级粒子数;T 为绝对温度;k_B 为玻尔兹曼常数(Boltzmann constant)。

为了放大两个能级 E_n 和 E_m 之间的跃迁,必须在这两个能级(它们是整个能级结构的一部分)之间形成反转,这意味着以下关系式

$$N_n > N_m, E_n > E_m \tag{8.2}$$

成立(见图 8.2)。反转条件只能通过额外的泵浦过程(pump process)产生,该过程将原子从较低能级 E_n 激发到较高能级 E_m。泵浦作用不能发生在较低能级到较高能级的直接跃迁,因为不能通过这种方式实现反转,最多只能使两个能级的粒子数相同。二能级系统(two-level system)无法实现激光运转。

8.2.1　三能级系统

对于三能级系统(three-level system),泵浦过程借助于一个附加的能级

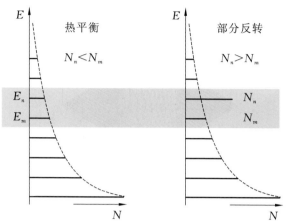

图 8.2 左图,由玻尔兹曼统计得到的能级的热量分布;右图,通过增加
n 能级粒子数密度,实现部分粒子数反转

来实现,即泵浦能级(pump level)。泵浦能级具有比激光能级更高的能量。通过泵浦机制,激光下能级的原子(激光介质的基态)被激发到泵浦能级。原子通过一个快速的、自发的过程进入激光上能级,然后发生激光跃迁(见图 8.3)。

三能级激光的粒子数反转条件如下:

(1) 泵浦速率很高;

(2) 从泵浦能级到激光上能级的跃迁发生得非常快;

(3) 激光上能级是亚稳定的,这意味着它具有较长的寿命,因此从 E_1 到 E_0 的激光跃迁发生的次数少于从 E_2 到 E_1 的跃迁,有

$$\tau_2 \ll \tau_1 \tag{8.3}$$

式中:τ_1 和 τ_2 分别为能级 E_1 和 E_2 的寿命。

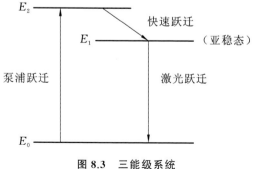

图 8.3 三能级系统

反转过程确保原子可以在上能级聚集,可以产生粒子数反转,并且在高泵浦速率下泵浦能级仅被小部分填充,从而使得整个泵浦机制的有效性得以保持。

8.2.2　四能级系统

四能级系统(four-level system)提供了另一种加强粒子数反转的方法。与三能级系统相比,激光下能级不再等同于基态(见图 8.4)。

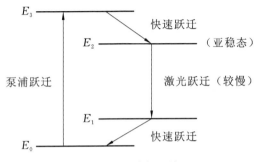

图 8.4　四能级系统

激光下能级的较短寿命导致粒子快速弛豫到具有较低能量的基态。激光下能级的低占有数是对粒子数反转的一种贡献,并且基态粒子数的快速补充使得泵浦机制更有效率。与三能级系统不同,粒子数反转需要的泵浦功率明显更低。

在四能级系统中,以下两个基本因素可以实现显著的粒子数反转:

(1) 高泵浦速率(high pump rate)会导致更多粒子占据激光上能级,从而增加粒子数反转;

(2) 冷却(cooling)减少了激光下能级的粒子数,因此也增加了粒子数反转。

根据玻尔兹曼分布,即式(8.1),较低的温度减少了高能级的平衡态占有数,如图 8.5 所示。

产生激光过程的效率为

$$\eta = \frac{P_{\text{out}}}{P_{\text{in}}} = \frac{E_{\text{out}}}{E_{\text{in}}} \tag{8.4}$$

式中:P_{out} 和 E_{out} 分别为激光输出功率和输出能量;P_{in} 和 E_{in} 分别为输入功率和输入能量。

这与量子效率(quantum efficiency)成正比,即

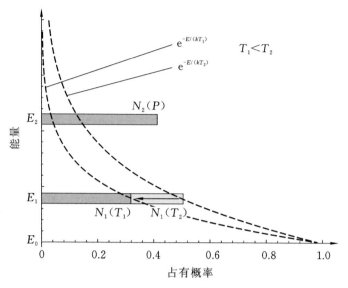

图 8.5 冷却减少了激光下能级的粒子数,从而促进了粒子数反转

$$\eta_Q = \frac{\nu_{\text{Laser}}}{\nu_{\text{Pump}}} = \frac{E_2 - E_1}{E_3 - E_0}, \tag{8.5}$$

因为泵浦机制必须通过消耗 $E_3 - E_0$ 的能量差来激发每个原子,而激光跃迁只需将能量 $E_2 - E_1$ 转换成辐射。为了实现更高的整体效率,泵浦能级的能量不需要比激光能级高很多。

8.2.3 泵浦机制

接下来讲述最重要的机制及其基本原理。

(1) 光泵浦(optical pumping):激光介质由闪光灯、弧光灯或具有适当频率的激光进行光学激发。因此,泵浦光的频率必须大于激光跃迁的频率。这种泵浦机制只适用于光学致密的激光介质,因为泵浦光必须要被有效地吸收。因此,固体激光器(solid-state lasers)主要是光泵浦的。这里应该强调,用激光二极管(diode lasers)泵浦的固体激光器是一种前瞻性的技术。

(2) 通过气体放电(gas discharge)泵浦:气态(gaseous)激光介质的原子通过与高能电子或其他原子碰撞而被激发。为了实现气体放电,通常使用高频调制高压,即 HF 激发(HF excitation)。

(3) 通过电流注入泵浦:在半导体激光器中,电流注入可以实现导带(conduction band)和价带(valence band)之间的粒子数反转。在 pn 跃迁(pn transition)中,激光跃迁产生了光学弛豫。由于输入的电功率直接转化为光输出功率,半导体激光器可达到的最高效率将超过 50%。

（4）化学泵浦（chemical pumping）：气体激光介质受到强放热化学反应的激发。[②] 准分子激光的名字来源于最常用的分子物质,即所谓的受激准分子。值得注意的是,虽然准分子激光器的基态能级是不稳定的,但其工作原理同两能级系统的工作原理。未被激发的准分子迅速衰变成各自的化学成分,因此基态能级上总是空的。

（5）热力泵浦（thermodynamic pumping）：适用于气体激光器,该机制采用非绝热过程[③],如快速加热激光气体以产生粒子数反转。相应的激光器称为气动激光器。

8.3 激光速率方程

本节将基于速率方程,更详细地描述激光介质的内部过程。以四能级系统为例。图 8.6 为四能级激光器的能级和跃迁。

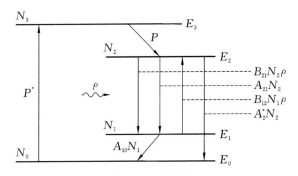

图 8.6 四能级激光器的能级和跃迁

原子通过外部泵浦（external pumping）以泵浦速率 P^* 从基态能级激发到较高的泵浦能级 E_3。然后该能级上的原子以自发跃迁的方式,按内部泵浦速率（internal pump rate）P 进入激光上能级。在激光能级 E_2 到 E_1 之间,一方面通过受激发射进行跃迁;另一方面发生自发辐射和吸收。除此之外,激光上能级自发辐射总速率为 E_1。

$$A_2^* = \left(\sum_n A_{2n}\right) - A_{21} \tag{8.6}$$

---

② 放热反应：能量过剩时的反应,即反应释放能量。
③ 绝热过程：这个过程非常缓慢,气体总是处于瞬间的平衡状态。

因此,我们必须考虑所有低能级的自发辐射。最终,原子会通过自发过程回落到基态。系数 A_{10} 表示在基态中来自激光低能级的所有自发跃迁:通过更多的中间能级间接地进行跃迁。

在仅有两能级激光系统的速率方程中,只会出现内部泵浦速率 P,而不包括外部泵浦速率 P^*。两者的关系用内部泵浦效率(internal pump efficiency) η_P 表示为

$$\eta_P = \frac{P}{P^*} \tag{8.7}$$

假设基态的粒子数 N_0 始终远大于激光能级的总数,基态的粒子数几乎保持恒定。然后,也可以假设与激光过程无关的恒定泵浦速率 P。

两个激光能级上的粒子数服从速率方程,即

$$\begin{cases} \dfrac{\mathrm{d}}{\mathrm{d}t}N_2 = P + B_{12}\rho N_1 - B_{21}\rho N_2 - A_{21}N_2 - A_2^* N_2 \\ \dfrac{\mathrm{d}}{\mathrm{d}t}N_1 = B_{21}\rho N_2 - B_{12}\rho N_1 + A_{21}N_2 - A_{10}N_1 \end{cases} \tag{8.8}$$

光子数 ρ 的速率方程也具有两能级系统的形式,但略有修正,即

$$\frac{\mathrm{d}}{\mathrm{d}t}\rho = B_{21}N_2\rho - B_{12}N_1\rho + FA_{21}N_2 - \beta\rho + K \tag{8.9}$$

式中:F 为谐振腔选择性系数;β 为谐振腔损耗系数;K 为光子注入速率(injection rate),描述了外部光源在谐振腔中附加的光子辐射。

谐振腔选择性系数(resonator selectivity)F 描述了自发辐射的光子向任意方向传播的比例。谐振腔只限制在特定角度范围内发射的部分光子。这个特定角度范围是由谐振腔中光束的发散角给出的,其最小范围对应的衍射角为

$$\theta_B = \frac{\lambda}{\pi w_0} \tag{8.10}$$

式中:λ 为激光辐射的波长;w_0 为谐振模式的腰半径。

谐振腔选择性系数可以估计为谐振腔覆盖特定角与完全特定角 4π 的关系,即

$$F = \frac{1}{4\pi}\int_0^{2\pi}\int_{-\theta_B}^{\theta_B}\sin\theta\,\mathrm{d}\theta\,\mathrm{d}\phi \approx \frac{1}{4\pi}2\pi\int_{-\theta_B}^{\theta_B}\theta\,\mathrm{d}\theta = \frac{1}{2}\theta_B^2 = \frac{\lambda^2}{2\pi^2 w_0^2} \tag{8.11}$$

谐振腔选择性系数的经验值为

$$F = 10^{-6} \sim 10^{-4}$$

谐振腔的损耗系数(resonator loss factor)β 表示由谐振腔镜引起的耦合输出辐射,即

$$\beta = (1 - R_1 R_2) \frac{c}{2L} \tag{8.12}$$

式中:R_1 和 R_2 分别为第一腔镜和第二腔镜的反射率;L 为谐振腔长度。

对于谐振腔镜的每次反射,只有部分辐射(由反射率给出)保留在系统中。通过除以谐振腔的往返周期 $2L/c$ 得到损耗系数。

按这种一般形式求解速率方程(8.8)和方程(8.9)是困难的。然而一个明显的情况是:当激光下能级 E_1 的粒子数密度下降比激光上能级 E_2 的快得多时,可以实现粒子数反转。这意味着跃迁系数 A_{10} 必须非常大,即

$$A_{10} \gg A_{21}, \quad B_{21}\rho \tag{8.13}$$

激光下能级的速率方程与 A_{10} 成比例,其余项可忽略不计,有

$$\frac{\mathrm{d}}{\mathrm{d}t}N_1 = -A_{10}N_1 \Rightarrow N_1 \sim \mathrm{e}^{-A_{10}t} \rightarrow 0 \tag{8.14}$$

这意味着激光下能级的粒子数将很快接近零。因此,粒子数反转 D 可以由激光上能级的粒子数密度所代替,即

$$D = N_2 - N_1 \approx N_2 \tag{8.15}$$

这时只有两个速率方程需要求解

$$\begin{cases} \dfrac{\mathrm{d}}{\mathrm{d}t}D = P - (B_{21}\rho + A_{21} + A_2^*)D \\[2mm] \dfrac{\mathrm{d}}{\mathrm{d}t}\rho = B_{21}D\rho + FA_{21}D - \beta\rho + K \end{cases} \tag{8.16}$$

由 $B_{12} = B_{21}$ 的基本关系,可将方程(8.8)和方程(8.9)转换为方程(8.16)。为了简化下面的讨论,引入归一化参量,即

$$\rho = \frac{A_{21}}{B_{21}}\rho', \quad D = \frac{A_{21}}{B_{21}}D', \quad P = \beta\frac{A_{21}}{B_{21}}P', \quad K = \beta\frac{A_{21}}{B_{21}}K' \tag{8.17}$$

这里,时间变量也是归一化的,即

$$t = \frac{1}{A_{21}}\tau \Rightarrow \frac{\mathrm{d}}{\mathrm{d}t} = A_{21}\frac{\mathrm{d}}{\mathrm{d}\tau} \tag{8.18}$$

式中:τ 表示相对于激光上能级 $1/A_{21}$ 的自发寿命。按照归一化的无量纲参数形式,速率方程可写为

$$\begin{cases} \dfrac{\mathrm{d}}{\mathrm{d}\tau}D' = -(1+\delta+\rho')D' + \alpha P' \\[2mm] \dfrac{\mathrm{d}}{\mathrm{d}\tau}\rho' = D'\rho' + FD' - \alpha\rho' + \alpha K' \end{cases} \tag{8.19}$$

式中:$\alpha = \beta/A_{21}$;$\delta = A_2^*/A_{21}$。

速率方程是一个由两个相互耦合的微分方程构成的系统。D' 和 ρ' 乘积的非线性耦合,使其求解更加复杂。

8.3.1 求解静态过程的速率方程

当脉冲持续时间较大或连续波运行(cw operation)④时,激光介质中各运行过程之间达到动态平衡。此时,粒子数反转和光子密度不再随时间变化而变化,这意味着式(8.19)的速率方程有稳态解,即

$$\frac{\mathrm{d}}{\mathrm{d}\tau}D' = 0, \quad \frac{\mathrm{d}}{\mathrm{d}\tau}\rho' = 0 \tag{8.20}$$

对于归一化的粒子数反转,遵循

$$D' = \frac{\alpha P'}{1+\delta+\rho'} \tag{8.21}$$

将式(8.21)代入归一化的光子密度速率方程,得到一个二次代数方程,它的解为

$$\rho' = \frac{1}{2}\left\{ P' + K' - 1 - \delta + \sqrt{(P'+K'-1-\delta)^2 + 4[FP' + (1+\delta)K']} \right\}$$

$$\tag{8.22}$$

由于光子密度必须为正,这里已经舍去了该二次方程的第二个解,即负数解。

基于参数 P' 和 K',式(8.21)和式(8.22)的求解过程将在以下三个不同的范围内进行讨论。

1. 未放大的信号传输

在这种情况下,介质不会被泵浦,但输入信号被耦合,有

$$P' = 0, \quad K' > 0 \tag{8.23}$$

将式(8.23)代入式(8.21)和式(8.22),其归一化形式为

----

④ 连续波,非脉冲。

$$D'=0, \quad \rho'=\frac{1}{2}\left\{K'-1-\delta+\sqrt{[K'-(1+\delta)]^2+4(1+\delta)K'}\right\}=K' \tag{8.24}$$

利用式(8.17)的反代换,得到反转密度和光子密度为

$$D=0, \quad \rho=\frac{K}{\beta} \tag{8.25}$$

在这种情况下反转是最小的,意味着零。由于在式(8.15)中加入了近似式 $D=N_2$,所以反转不能为负。这意味着在介质吸收的基础上忽略了信号损失。光子密度 ρ 仅取决于输入信号 K 和谐振腔损耗 β:在非泵浦情况下,信号速率与谐振腔损耗达到平衡。

2. 弱泵浦:自发辐射

如果介质被弱泵浦,且信号不被耦合,有

$$P'\ll 1+\delta, \quad K'=0 \tag{8.26}$$

则得到归一化的光子密度为

$$\rho'=\frac{1}{2}\left\{P'-(1+\delta)+\sqrt{[P'-(1+\delta)]^2+4FP'}\right\}$$

$$=\frac{1}{2}\left\{P'-(1+\delta)+|P'-(1+\delta)|\sqrt{1+\frac{4FP'}{[P'-(1+\delta)]^2}}\right\} \tag{8.27}$$

由式(8.26)的条件,该值为负值,即

$$P'<1+\delta \Rightarrow |P'-(1+\delta)|=-[P'-(1+\delta)] \tag{8.28}$$

由根的级数展开得到

$$\rho'\approx\frac{1}{2}\left\{P'-(1+\delta)-[P'-(1+\delta)]\left[1+\frac{2FP'}{(P'-(1+\delta))^2}\right]\right\}$$

$$=\frac{FP'}{1+\delta-P'} \tag{8.29}$$

$$\approx\frac{F}{1+\delta}P'\ll 1$$

将先前确定的归一化光子密度代入式(8.21),得到归一化的粒子数反转为

$$D'=\frac{\alpha P'}{1+\delta+\rho'}\approx\frac{\alpha}{1+\delta}P' \tag{8.30}$$

再次利用式(8.17)的反代换,将未归一化的量转换为

$$\rho \approx \frac{FP}{(1+\delta)\beta}, \quad D \approx \frac{P}{A_{21}(1+\delta)} = \frac{P}{A_{21} + A_2^*} \tag{8.31}$$

光子密度和反转密度均随泵浦速率 P 线性增加。反转是由泵浦速率与上能级自发辐射总量(total spontaneous emission)之间的平衡产生的。光子密度是由谐振腔的损耗系数 β 和选择性系数 F 确定的。谐振腔选择性系数的依赖性也表明自发辐射是主导过程:由于自发辐射在各个空间方向上均匀发生,因此只有被谐振腔所捕获的部分(F)光子,才可以产生激光。对于好的谐振腔,F 非常小($10^{-6} \sim 10^{-4}$)。因此,光子密度随着泵浦速率的增加在这一区域非常缓慢地增加。

3. 强泵浦:激光

针对极限情况——非常大的泵浦速率,可由式(8.27)直接建立。假设得到归一化的光子密度,即

$$P' \gg 1+\delta, \quad K' = 0 \tag{8.32}$$

但是,在这种情况下,值保留了负号。同样,根可以相同的方式通过一系列展开来表达,如

$$\rho' \approx \frac{1}{2}\left\{P'-(1+\delta) + [P'-(1+\delta)]\left[1+\frac{2FP'}{(P'-(1+\delta))^2}\right]\right\}$$
$$= P'-(1+\delta) + F\frac{P'}{P'-(1+\delta)} \approx P' \tag{8.33}$$

由此得到归一化的粒子数反转结果,即

$$D' = \frac{\alpha P'}{1+\delta+P'} \approx \frac{\alpha P'}{P'} = \alpha \tag{8.34}$$

未归一化的值表示为

$$\rho \approx \frac{P}{\beta}, \quad D \approx \frac{A_{21}}{B_{21}}\alpha = \frac{\beta}{B_{21}} \tag{8.35}$$

高泵浦速率使反转达到饱和,这意味着反转不再随泵浦速率增加而增加,如图8.7所示。饱和反转由谐振腔损耗和受激辐射之间的平衡得到;对于高泵浦速率,自发辐射效果不再显著。

光子密度与泵浦速率成比例地增加。在这个区域,它完全取决于谐振腔损耗;由于自发辐射的从属作用,谐振腔选择性系数 F 不再有影响。

因此,光子密度随着泵浦速率的增加而显著增大,如图8.8所示,该区域就是产生激光的位置。

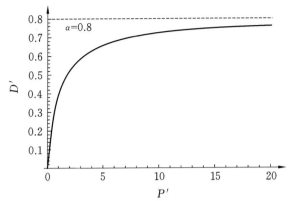

图 8.7 归一化反转密度 D' 和归一化泵浦速率 P' 的关系。对于高泵浦速率,D' 与饱和值 α 渐近

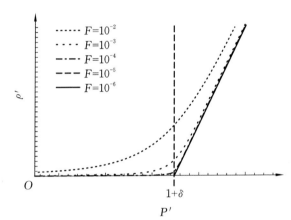

图 8.8 归一化光子密度 ρ'、归一化泵浦速率 P' 及不同的谐振腔选择性系数 F 的关系。谐振腔选择性越强,即 F 值越小,激光中的跃迁就越明显

8.3.2 激光阈值

8.3.1 节处理了泵浦速率很大与很小两种极限情况。这些情况显示,激光在确定阈值——激光阈值(laser threshold)运转时,形如一个热光源:辐射主要来自自发辐射。然而,当超过激光阈值时,受激发射占主导地位。

激光阈值为

$$P'_{\text{Threshold}} = 1 + \delta \Rightarrow P_{\text{Threshold}} = \beta \frac{A_{21} + A_2^*}{B_{21}} \tag{8.36}$$

系数 A_{21} 和 A_2^* 的总和表示从激光上能级收集的自发跃迁。因此,激光阈值是由总损耗(谐振腔损耗及自发辐射过程中的损耗)和受激辐射之间的关系决定的。如果将光子密度按照式(8.35)代入式(8.36)中,这意味着在阈值处,受激辐射和自发辐射的跃迁概率是相同的,即

$$\rho_{Threshold}=\frac{P_{Threshold}}{\beta} \Rightarrow B_{21}\rho_{Threshold}=A_{21}+A_2^* \quad \Leftrightarrow \quad w_{stim}=w_{spon} \quad (8.37)$$

式中:w_{stim}为受激辐射的跃迁概率;w_{spon}为自发辐射的总跃迁概率。

当超过激光阈值时,内部辐射场扩大,以至于受激辐射的概率远大于自发辐射的概率。原子在自发辐射发生跃迁之前,通过受激辐射被迫进入激光下能级。

然而,这个激光阈值只存在于有效的谐振腔内。谐振腔选择性系数 F 的相关性由图8.8中的曲线来表示。F 越接近1,谐振腔对自发辐射的抑制越小。在极限情况下,$F=1$,谐振腔不存在,系统为空腔辐射体,并没有转换到激光运行。

从热力学的观点来看,在激光阈值发生的从热发射到激光发射的转变是第二类相变:系统不连续地转换到高度有序的状态。[5] 这种新状态的特点使辐射具有最大相干性(maximum coherence)。因此,激光辐射表现出如下特性:

(1) 最高的能流密度;

(2) 最高的单色性,对应最小的线宽;

(3) 最小的振幅起伏。

还有一些众所周知的第二类相变,如顺磁性向铁磁性在居里(Curie)温度点的相变,以及临界温度下金属导电性向超导性的相变。在这些情况下,一个不连续的转变将引起更高的有序性。然而,从热力学的观点来说,一个显著的区别是:后两个转变都是在热平衡系统中观察到的,而激光并不处于平衡态。因此,这种相变称为非平衡相变(nonequilibrium phase transition)。

8.3.3 放大

本节旨在获得激光介质中强度放大过程的表达式,以及通过长度为 L 的放大介质后绝对信号放大的表达式。

由前文可知,粒子数反转确定了放大率。因此,再次导出了反转粒子数 D 的方程。因为这次不能忽略较低能级的粒子总数,所以针对激光能级的粒子

---

⑤ 第一类相变:系统的能量或熵作为有序参数的函数是不连续变化的,即发生跳跃。第二类相变:系统的能量或熵作为有序参数的函数是连续变化的。然而,第一个推导是不连续的,即函数有一个"弯曲"。在有激光器的情况下,泵浦的输出是有序参数。

数,我们从速率方程(8.8)开始推导。在稳态情况下,方程表示为

$$\begin{cases} P + B_{21}\rho(N_1 - N_2) - (A_{21} + A_2^*)N_2 = 0 \\ B_{21}\rho(N_2 - N_1) + A_{21}N_2 - A_{10}N_1 = 0 \end{cases} \tag{8.38}$$

这些方程的解为

$$\begin{cases} N_1 = \dfrac{B_{21}\rho + A_{21}}{B_{21}\rho(A_{10} + A_2^*) + A_{10}(A_{21} + A_2^*)}P \\ N_2 = \dfrac{B_{21}\rho + A_{10}}{B_{21}\rho(A_{10} + A_2^*) + A_{10}(A_{21} + A_2^*)}P \end{cases} \tag{8.39}$$

式(8.39)也可以作为光子密度函数,由粒子数反转形式给出:

$$D \equiv N_2 - N_1 = \left[\frac{A_{10} - A_{21}}{A_{10}(A_{21} + A_2^*)}\right] \cdot \frac{P}{1 + \dfrac{A_{10} + A_2^*}{A_{10}(A_{21} + A_2^*)}B_{21}\rho} \tag{8.40}$$

通过代入粒子数反转 D_0 和信号放大的有效寿命(effective lifetime of the signal amplification)τ_{eff}

$$D_0 = \frac{A_{10} - A_{21}}{A_{10}(A_{21} + A_2^*)}P, \quad \frac{1}{\tau_{\text{eff}}} = \frac{A_{10}(A_{21} + A_2^*)}{A_{10} + A_2^*} \tag{8.41}$$

得到饱和反转(saturable inversion)的表达式为

$$D(\rho) = \frac{D_0}{1 + B_{21}\tau_{\text{eff}}\rho} \tag{8.42}$$

将该结果代入光子密度速率方程(式(8.9))中,而在谐振腔模型中忽略自发辐射、谐振腔损耗和输入信号:

$$\frac{\mathrm{d}}{\mathrm{d}t}\rho = B_{21}D(\rho)\rho = \frac{B_{21}D_0}{1 + B_{21}\tau_{\text{eff}}\rho} \cdot \rho \tag{8.43}$$

现在,光子密度可以转换成强度和时间在传播方向坐标上的相关性,即

$$I = c\langle w_{\text{em}}\rangle = c \cdot \hbar\omega \cdot \rho, \quad z = ct \Rightarrow \frac{\mathrm{d}}{\mathrm{d}t} = c\frac{\mathrm{d}}{\mathrm{d}z} \tag{8.44}$$

最后得到激光介质中的强度演化方程(course of the intensity in the laser medium)为

$$\frac{\mathrm{d}}{\mathrm{d}z}I(z) = \frac{g_0}{1 + I(z)/I_s} \cdot I(z) \tag{8.45}$$

式中:$g_0 = \dfrac{B_{21}D_0}{c}$,为小信号增益系数;$I_s = \dfrac{\hbar\omega c}{B_{21}\tau_{\text{eff}}}$,为饱和强度。

1. 小信号放大

对于非常小的信号强度,输入信号随着小信号增益系数的增加呈指数增长,即

$$I \ll I_s : \frac{\mathrm{d}I}{\mathrm{d}z} = g_0 I \Rightarrow I(z) = I(0) \cdot \exp(g_0 z) \tag{8.46}$$

小信号增益系数 g_0 与粒子数反转 D_0 成正比,因此与泵浦速率 P 成正比(见式(8.41)和式(8.45))。将简单信号通过激光介质时的小信号放大定义为输出信号与输入信号的关系,即

$$G_0 = \frac{I(L)}{I(0)} = \exp(g_0 L) \tag{8.47}$$

式中:L 为放大介质的长度;G_0 为小信号增益。

2. 非线性放大

当强度与饱和强度相当时,放大系数变为非线性(nonlinear),即放大系数取决于信号振幅 $G = G(I)$。

在非线性放大区域,近似值不适用方程(8.45),对这个微分方程直接求解有一定困难,可以把它转换为

$$\left[\frac{1}{I(z)} + \frac{1}{I_s} \right] \mathrm{d}I(z) = g_0 \mathrm{d}z \tag{8.48}$$

然后用给定的输入和输出强度 $I(0)$ 和 $I(L)$ 对两边进行积分,即

$$\int_{I(0)}^{I(L)} \left(\frac{1}{I} + \frac{1}{I_s} \right) \mathrm{d}I = \int_0^L g_0 \mathrm{d}z \Rightarrow \ln\left[\frac{I(L)}{I(0)} \right] + \frac{I(L) - I(0)}{I_s} = g_0 L \equiv \ln G_0$$

$$\tag{8.49}$$

通过长度为 L 的激光介质后,非线性放大系数的表达式为

$$G \equiv \frac{I(L)}{I(0)} = G_0 \exp\left[-\frac{I(L) - I(0)}{I_s} \right] \tag{8.50}$$

式中:G 为非线性放大系数。

注意,关于输入强度和输出强度的关系不能由式(8.50)左边的显函数表达。

对于非常大的信号强度 $I \gg I_s$,使其放大达到饱和并由式(8.45)得到

$$I \gg I_s : \frac{g_0}{1 + I/I_s} \approx \frac{g_0}{I/I_s} \Rightarrow \frac{\mathrm{d}I}{\mathrm{d}z} = g_0 I_s = \text{const} \tag{8.51}$$

在饱和范围内,强度沿着激光介质覆盖的路径线性增长

$$I(L)=I(0)+g_0LI_s \Rightarrow G \equiv \frac{I(L)}{I(0)}=1+g_0L\frac{I_s}{I(0)} \to 1, \quad I(0) \gg I_s$$

$$(8.52)$$

随着输入强度的增加,由于输出强度的增加相对于输入强度有所减小,放大率在饱和范围内接近于1。图8.9展示了三个放大区域中激光介质的强度增长曲线。

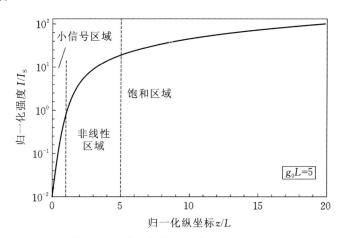

图 8.9　强度以对数表达为传播长度在主动介质和三个放大区域中的函数

8.4　激光输出功率和效率

8.4.1　可达放大功率

8.3 节得出了信号放大的表达式,据此可以确定一段简单通道上具有特定长度的激光介质的最大功率。反馈机制在这里尚未被考虑,仅仅描述了饱和放大的行为。

在参考横截面内,从激光介质中获得的输出强度是由激光强度的增长提供的,即

$$I_{extr}=I(L)-I(0)=I_s \cdot \ln\left(\frac{G_0}{G}\right) \qquad (8.53)$$

式中:I_{extr} 为在单位横截面积内从激光介质中获取的输出强度。

对于较小的输入强度,增益 G 对应于小信号增益 G_0。输出强度和提取功率两者大致相同,并且均远高于输入强度。在较高的输入强度下,增益开始饱和。当增益完全饱和时,可提取的功率也达到其极限值,即

$$I_{\text{extr,max}} = \lim_{G \to 1} I_{\text{extr}} = I_S \ln G_0 = I_S g_0 L \tag{8.54}$$

式中:$I_{\text{extr,max}}$ 为单位横截面积内可获取的最大提取功率。

在参考横截面内,这是从激光介质中获取的最大功率。在这种边界情况下,式(8.54)中的增益接近于 1,因为需要非常高的输入信号来驱动放大器完全进入饱和状态。为了更好地从物理学上解释,可以将式(8.54)转换为

$$I_{\text{extr,max}} = g_0 L \cdot \frac{\hbar \omega c}{B_{21} \tau_{\text{eff}}} = L \frac{D_0 \hbar \omega}{\tau_{\text{eff}}} \Rightarrow \frac{I_{\text{extr,max}}}{L} \equiv \frac{P_{\text{extr,max}}}{V} = \frac{D_0 \hbar \omega}{\tau_{\text{eff}}} \tag{8.55}$$

式中:$P_{\text{extr,max}}$ 为激光介质的最大可达功率。

这里代入了小信号增益和饱和强度的定义。这意味着在单位体积的激光介质中可获取的最大功率,由存储在小信号(或输入)反转中的能量 $D_0 \hbar \omega$ 除以信号放大的有效寿命 τ_{eff} 得到。提取效率 η_{extr} 定义为提取功率与最大提取功率的比例,即

$$\eta_{\text{extr}} = \frac{I_{\text{extr}}}{I_{\text{extr,max}}} = \frac{\ln G_0 - \ln G}{\ln G_0} = 1 - \frac{\ln G}{\ln G_0} \tag{8.56}$$

应用非线性放大器时的主要问题在于,只有在低增益下才能达到更高的转换效率;反之,只有在低效率时才能实现较好的放大。我们利用反馈耦合将放大器转换成振荡器,可以在一定程度上解决这个问题。

8.4.2 激光输出功率

如图 8.10 所示,在激光谐振腔中,沿着纵坐标 z 方向的强度分布,是由两列正反方向传播的行波构成的:

$$I(z) = I_+(z) + I_-(z) \tag{8.57}$$

式中:I_+ 和 I_- 分别代表正方向和反方向传播的行波强度。

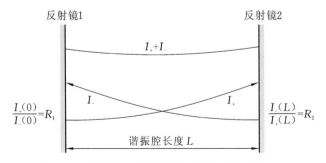

图 8.10 在谐振腔中正向和反向传播的波的强度

谐振腔镜在 $Z = 0$ 和 $Z = L$ 处的边界条件需要满足

$$I_+(0) = R_1 I_-(0), \quad I_-(L) = R_2 I_+(L) \tag{8.58}$$

式中:R_1 和 R_2 是谐振腔镜的反射率。

可以应用微分方程(8.45)对这两列行波进行分别计算,即

$$\frac{dI_+}{dz}=\left[g(z)-\alpha\right]I_+, \quad \frac{dI_-}{dz}=-\left[g(z)-\alpha\right]I_- \tag{8.59}$$

这里使用了非线性增益系数、损耗系数 α,其中,$g(z)$ 为

$$g(z)=\frac{g_0}{1+\left[I_+(z)+I_-(z)\right]/I_S} \tag{8.60}$$

总的强度引起了增益饱和。损耗系数 α 描述了增益介质中的吸收损耗。

如果我们假设谐振腔镜的耦合输出很小,即反射系数 R_1 和 R_2 接近于 1,那么我们也可以假设,在谐振腔的整个长度内,光强几乎是恒定的,即

$$I_+(z)\approx I_-(z)\approx I_{circ} \tag{8.61}$$

I_{circ} 是在谐振腔内双向往返传播的光强。由这个假定得出,非线性增益系数基本上与谐振腔中的位置无关,即

$$g\approx\frac{g_0}{1+2I_{circ}/I_S} \tag{8.62}$$

这样一来,微分方程(8.59)可以用指数方法来求解(利用边界条件方程(8.58)),并可以归纳出稳态运转条件,即

$$\left.\begin{array}{l}I_+(L)=I_+(0)e^{(g-\alpha)L}\\I_-(0)=I_-(L)e^{(g-\alpha)L}\end{array}\right\}\Rightarrow I_-(0)=R_1R_2I_-(0)e^{2L(g-\alpha)}\Rightarrow R_1R_2e^{2L(g-\alpha)}=1$$

$$\tag{8.63}$$

如果将式(8.62)中 g 的表达式代入式(8.63),可求解 I_{circ}:

$$I_{circ}=\left[\frac{2Lg_0}{2L\alpha-\ln(R_1R_2)}-1\right]\cdot\frac{I_S}{2}=(r_{th}-1)\cdot\frac{I_S}{2} \tag{8.64}$$

阈值比 r_{th} 表示谐振腔内每往返一次的不饱和增益与损耗的比例。因此,它可以用来衡量激光在被强泵浦驱动后超过激光阈值的程度。当 $r_{th}=1$ 时,激光在阈值上运行。因为式(8.64)仅在阈值以上有效,因此当 $r_{th}<1$ 时,光强度将变为负值。

有效的耦合输出激光功率是指谐振腔中循环输出的那部分功率,它在前腔镜处耦合输出,即⑥

---

⑥ 这里使用的功率与强度的概念是相同的,因为,在这些计算中,强度可以简单地通过与激光介质的横截面积相乘而转换成输出功率,而依赖于横向坐标的效应被忽略不计。

$$I_{aus} = T_2 I_{circ} \approx T_2 \left[\frac{2Lg_0}{2L\alpha + T_1 + T_2} - 1 \right] \cdot \frac{I_S}{2} \tag{8.65}$$

式中：I_{out} 为耦合输出功率；$T_{1,2} = (1 - R_{1,2})$，为腔镜的透射率。

当 T_1 和 T_2 很小时，式(8.65)可近似为

$$\ln(R_1 R_2) = \ln[(1 - T_1)(1 - T_2)] \approx \ln(1 - T_1 - T_2) \approx -T_1 - T_2 \tag{8.66}$$

图 8.11 中绘制了不同的小信号增益系数下激光输出功率和透射率 T_2 的关系，图 8.12 绘制了不同的吸收系数下激光输出功率和透射率 T_2 的关系。

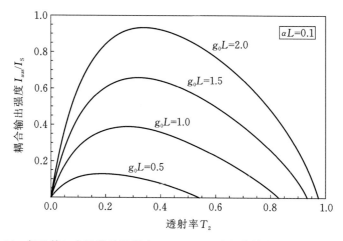

图 8.11 假设第二个腔镜的透射率 $T_1 = 0.05$。该图像的绘制是基于式(8.64)针对 I_{circ} 的表达式，而不是基于式(8.66)中的针对小透射率的近似

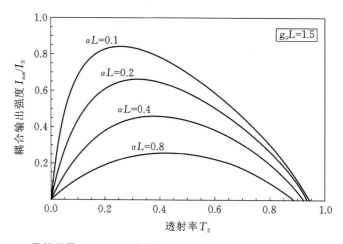

图 8.12 类似于图 8.11，只不过对应的是恒定的增益系数和不同的吸收系数

8.4.3　最佳耦合输出和最佳激光功率

如图 8.11 所示，输出过程中存在一个与前腔镜透射率相关的最佳耦合输出功率值。我们可以按照一般方法来确定这个最佳值。对式（8.65）中的 T_2 求导数，可得一个代数方程，它的根为

$$T_{2,\text{opt}} = \sqrt{2Lg_0(2L\alpha + T_1)} - (2L\alpha + T_1) = \left(\sqrt{\frac{2Lg_0}{2L\alpha + T_1}} - 1\right) \cdot (2L\alpha + T_1)$$

$$(8.67)$$

式中：$T_{2,\text{opt}}$ 为前腔镜的最佳透射率。

反过来，最大激光输出功率可以通过在输出方程（8.65）中代入最佳透射率得到。为了简化，根据式（8.54），可忽略激光通过后镜的辐射损耗，即

$$T_1 = 0 \Rightarrow I_{\text{out,max}} = g_0 L \cdot I_{\text{S}} \cdot \left(1 - \sqrt{\frac{\alpha}{g_0}}\right)^2 = I_{\text{extr,max}} \cdot \left(1 - \sqrt{\frac{\alpha}{g_0}}\right)^2 \quad (8.68)$$

式中：$I_{\text{out,max}}$ 为最大耦合输出强度。

因此，在最佳透射率下的耦合输出功率与最大可提取功率成正比，比例系数仅取决于小信号增益系数与介质吸收系数的比值。耦合输出功率与最大可提取功率之比称为功率提取效率（power-extraction efficiency）η_{pow}，即

$$\eta_{\text{pow}} = \frac{I_{\text{out}}}{I_{\text{extr,max}}} \Rightarrow \eta_{\text{pow,max}} = \frac{I_{\text{out,max}}}{I_{\text{extr,max}}} = \left(1 - \sqrt{\frac{\alpha}{g_0}}\right)^2 \quad (8.69)$$

最大功率提取效率是衡量从激光介质中使用功率程度的指标。当小信号增益远大于介质中的吸收损耗时，这个值接近 1。

8.4.4　激光效率

对于工业应用来说，激光系统的总效率（total efficiency）是一个首要指标：

$$\eta_{\text{total}} = \frac{P_{\text{out}}}{P_{\text{in}}} \quad (8.70)$$

式中：P_{out} 为耦合输出激光光束的总功率；P_{in} 为输入激光系统的总功率。

输入功率通常以电力形式提供；在每个泵浦过程中被转换成特定的外部泵浦速率 P^*，同时原子由基态能级 E_0 被激发到上能级 E_3（见图 8.6）。这里会出现损耗，该损耗由外部泵浦效率 $\eta_{\text{P,ext}}$ 描述为

$$\eta_{\text{P,ext}} = \frac{P^* \cdot \Delta E_{\text{Pump}}}{P_{\text{in}}} = \frac{P^*(E_3 - E_0)}{P_{\text{in}}} \quad (8.71)$$

泵浦的过程，也就是对应的外部泵浦效率可以由几个独立的步骤组成的

过程。

原子从泵浦上能级弛豫到激光上能级 E_2。一些原子进入较低的能级,因而未参与激光的产生。这部分可以通过内部泵浦效率 η_P 表征(见式(8.7)),即

$$\eta_P = \frac{P}{P^*} \tag{8.72}$$

内部泵浦速率 P 表示在单位时间内有多少原子从泵浦能级进入激光上能级。从这个位置开始,发生激光跃迁。然而,激光跃迁能级 E_1 与 E_2 之间的能量差是小于需要提供给泵浦过程 E_3 与 E_0 之间的能量差的,所以,我们可以得到每个原子辐射的有效能量损耗,这可以由量子效率 η_Q 表示,即

$$\eta_Q = \frac{\Delta E_{\text{Laser}}}{\Delta E_{\text{Pump}}} = \frac{\hbar\omega}{E_3 - E_0} \tag{8.73}$$

式中:ω 为激光辐射的角频率。

来自激光上能级的原子也可以通过其他过程进入较低的能级,而不是通过受激辐射,如通过自发辐射。这些损耗通常用荧光效率 $\eta_{\hbar\omega}$ 来评估,即

$$\eta_{\hbar\omega} = \left(\frac{dN_2}{dt}\right)_{\text{stim}} \bigg/ \left(\frac{dN_2}{dt}\right)_{\text{total}} = \frac{B_{21}\rho}{A_{21} + A_2^* + B_{21}\rho} \tag{8.74}$$

然而,用这种方式很难确定荧光效率,因为光子密度 ρ 也在这个方程中。另一方面,已经确定的是,有一部分泵浦输入功率可以最大限度地用于放大辐射:可提取的最大提取功率表示为 $I_{\text{extr,max}}$(见式(8.54))。因此,可达到的最大荧光效率也可表示为

$$\eta_{\hbar\omega,\text{max}} = \frac{P_{\text{extr,max}}}{P \cdot \hbar\omega} = \frac{I_{\text{extr,max}} \cdot A_{\text{cross}}}{P \cdot \hbar\omega} \tag{8.75}$$

式中:A_{cross} 为激光介质的横截面积。

所有在谐振腔内由放大与反馈引起的损耗均在功率提取效率 η_{pow}(式(8.69))中有体现,即

$$\eta_{\text{pow}} = \frac{I_{\text{aus}}}{I_{\text{extr,max}}} = \frac{P_{\text{aus}}}{P_{\text{extr,max}}} \tag{8.76}$$

激光系统的总效率是由单个效率相乘得出的,即

$$\eta_{\text{P,ext}} \eta_P \eta_Q \eta_{\hbar\omega} \eta_{\text{pow}} = \frac{P_{\text{out}}}{P_{\text{in}}} \equiv \eta_{\text{total}} \tag{8.77}$$

如果将最大可达功率归因于式(8.55)和式(8.41)的速率系数,那么用表达式(8.75)可得光子效率,即

$$P_{\text{extr,max}} = \frac{A_{10} - A_{21}}{A_{10} + A_2^*}\hbar\omega P \Rightarrow \eta_{\hbar\omega} = \frac{A_{10} - A_{21}}{A_{10} + A_2^*} \tag{8.78}$$

通常情况下,相对于激光上能级的自发辐射,从激光下能级到基态的跃迁发生得非常快,即当 $A_{10} \gg A_{12}, A_2^*$ 时,荧光效率几乎为 1。

8.5 烧孔效应和多模振荡

至此,本文尚未讨论增益的光谱特性。激光谱线的位置以跃迁频率的形式给出,忽略了谱线宽度和频率的依赖关系。对于理解激光产生的过程及其原理特性,该模型是足够的。然而,由于前面提到的局限性,这个模型仅对最严格意义上的单模运行状态有效。因此,本节主要论述产生的多模运行的情形。

8.5.1 理想的均匀加宽激光谱线

在前面的章节中,假设激光能级处于共振锐度内的任意水平,并且各个跃迁的辐射完全是单色的。实际上,跃迁谱线总是呈现有限的线宽,这可以按不同的方式来解释。

每个跃迁都呈现其自然线宽。这个宽度是由能级上能量的不确定性导致的,而这种不确定性取决于能级的寿命。因此,这个线宽有一个洛伦兹线形,即

$$f_n(\omega) = \frac{\Delta\omega_n}{(\omega - \omega_{21})^2 + \Delta\omega_n^2}, \quad \Delta\omega_n = \frac{1}{\tau_2} + \frac{1}{\tau_1} \tag{8.79}$$

式中:τ_1 和 τ_2 为能级的寿命;$\Delta\omega_n$ 为自然线宽;ω_{21} 为中央跃迁频率。

由于这种谱线加宽与介质中的不均匀性无关,因此称为均匀谱线加宽(homogenous line broadening)。

谱线线形直接传递给非线性增益系数 g(见式(8.60)),这意味着谱线在均匀加宽的情况下,有

$$g \equiv g(\omega) \sim f_n(\omega) \tag{8.80}$$

当通过长度为 L 的增益介质时,增益 G 被定义为

$$G(\omega) = \frac{I(L)}{I(0)} = \exp[g(\omega) \cdot L] \tag{8.81}$$

谱线线形函数 $f_n(\omega)$ 呈指数分布。这意味着随着 $\omega - \omega_{21}$ 的增加,增益的下降比原子谱线本身的减小更快。因此,介质的增益带宽总是小于原子线宽 $\Delta\omega_n$,并随着增益的增长而继续减小,这种效应也称为增益窄化(gain narrowing)。

有一个规律，激活介质的增益曲线远宽于激光谐振腔的线宽（见 6.2.4 节）；大多数增益带宽甚至比相邻纵模的频率间隔还要大得多。这意味着增益带宽内的众多模式，在原则上都可以被放大。在具有均匀谱线加宽的理想激光介质中，线形是恒定的，并且对于介质中的所有原子是相同的。如果通过更强的泵浦增加增益，则整个光谱的增益曲线向上平移，直到那些最接近中心跃迁频率 ω_{21} 的模式达到激光阈值，如图 8.13 所示。

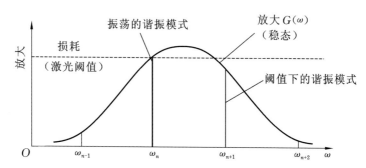

图 8.13　在具有均匀加宽的理想激光介质中，只有一个模式可以达到激光阈值

增益和损耗相互平衡的模型可以振荡，而其他损耗占主导地位的模型，就会产生阻尼衰减。

即使泵浦速率进一步提高，增益曲线也不会继续上升，这不至于引起下一个临近模式开始振荡。这在稳态运行状态下是不可能的，因为在第一个模式中增益将主导损耗，因此其幅度将继续增加：如果一个模式已达到激光阈值，则粒子数反转在其饱和值上保持恒定（见 8.3.1 节）并且增益不能继续增加（见 8.3.3 节）。增加的泵浦输入功率直接转换为光输出功率。在理想的均匀谱线加宽的激光器中，只有第一个模式能在稳态运行中开始振荡。然而，在实际激光器中，这个结论的有效性受到实际情况的限制。在具有均匀谱线加宽的激光器中，导致多模振荡的一个重要机制是空间烧孔（spatial hole burning）（见 8.5.4 节）。尽管如此，具有均匀加宽的激光器实际上更倾向于单模运行。半导体激光器和大多数固体激光器就是这样的实例。

8.5.2　均匀谱线加宽

自然线宽表示原子发射谱线的最小加宽，它只能在相互分离且静止的原子中观察到，如在冷的、稀薄的气体中。如果更多的原子更密集地聚集在一起，原子之间的相互作用就会导致明显的谱线加宽。碰撞（collision）或压力（pressure）是导致这类加宽的重要因素。原子间的碰撞通过以下两种机制使谱线加宽。

（1）受激原子的非弹性碰撞（inelastic collisions）可导致非辐射跃迁，这意味着激发态原子由于碰撞而进入较低的能态，但不发生辐射。因此缩短了激发能级的有效寿命，增加了线宽。

（2）弹性碰撞（elastic collisions）会导致发射脉冲的相位跳跃。尽管寿命不会缩短，这些相位跳跃也会导致谱线加宽。

由于碰撞作用导致的谱线加宽，其程度随着密度或者气体压力的增大而近乎线性地增大。

虽然前一种碰撞加宽的机制主要适用于气体激光器，但在固态激光介质中也存在等效的过程。在固态激光介质中，原子被束缚在固定位置上。因此，它们不会像气体那样直接碰撞，而是在其静止位置周围发生各种振动。这些振动的相互作用便导致了上述加宽的机制。[⑦]

8.5.3　非均匀加宽和光谱烧孔效应

除了上一节提到的均匀谱线加宽外，还有不同的机制会导致谱线的非均匀加宽。在谱线的非均匀加宽中，外部影响导致了原子跃迁频率 ω_{21} 的散射。在这种情况下，加宽具有静态特征。因此，非均匀加宽具有高斯包络线。非均匀谱线加宽的例子有气体激光器的多普勒加宽（Doppler broadening）和非晶态固体中的谱线加宽（line broadening in amorphous solid body）。

1. 多普勒加宽

引起多普勒加宽的一个原因是多普勒效应：一个相对于观察者运动的原子的发射线，相对于静态原子的频率有漂移现象，漂移量依赖于这个原子的运动方向和速度。

首先需要说明，这种效应出现在气体中，是由原子热运动引起的。热运动效应的多普勒线宽为

$$\Delta\omega_{\mathrm{d}} = \frac{2\omega_{21}}{c}\sqrt{\frac{2\ln 2 k_{\mathrm{B}} T}{m}} \tag{8.82}$$

式中：$\Delta\omega_{\mathrm{d}}$ 为多普勒谱线宽度；T 为气体温度；m 为气体粒子的质量。

---

⑦　在固体的量子理论中，这种晶格振动称为声子，类似于光子。原子与声子的相互作用被视为原子与声子之间的碰撞。

2. 非晶态固体中的谱线加宽

非晶态固体(玻璃)不具有规则的晶格结构,但是在结构上类似于冻结的液体,其原子和分子之间的排列与方向都是不同的。因此,在该物质中的每种可产生激光的激活原子所处的环境略微不同,原子能级有轻微的偏离,相应地,发射频率也有所不同。由于整个固体的发射谱线由各单独的发射谱线组成,因此导致谱线加宽。

这种加宽效应在 Nd:YAG 激光器与 Nd:Glass 激光器的对比中清晰可见。在第一种介质中,处于激发态的钕原子嵌在 YAG 晶体(Yttrium Aluminum Garnet)中,发射谱线被均匀加宽。典型的线宽接近于 $\Delta\nu=1.2\times10^{11}$ Hz。在第二种介质中,出现了一个更加明显的、非均匀的谱线加宽,接近于 $\Delta\nu=7.5\times10^{12}$ Hz。由于不同的谱线加宽,在相同的 Nd 离子浓度下,Nd:YAG 激光器在谱线中心的最大辐射量远大于 Nd:Glass 激光器的。

对于非均匀加宽而言,仅利用整个体积内处于静态分布的一部分原子,就会对每个谱区都形成放大。因此,当增益超过损耗时,谐振腔的每个纵模都可以独立于其他模式引起与其模式频率共振的那部分原子的饱和,如图 8.14 所示 。因此,每种模式都可能在光谱增益曲线中产生"孔"。这种效应称为谱线烧孔效应(spectral hole burning)。由于谱线烧孔效应,在非均匀加宽的激光介质中可能同时建立多个激光模式的振荡。

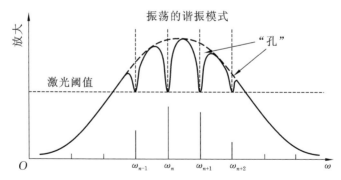

图 8.14 在非均匀加宽的介质中,光谱烧孔效应可以支持多轴模式的振荡

8.5.4 空间烧孔效应

除了谱线加宽外,增益空间的不均匀性也可导致多模振荡。在常见的激光谐振腔中,纵模对应驻波:半波长的个数由模式阶数给出,与谐振腔长度 L 严格满足

$$n\frac{\lambda_n}{2}=L$$

驻波的特征是在场内有固定的波节和波腹。这意味着在平均强度较低的固定区域,这些模式不会达到饱和。然而,在这些位置上,下一个更高或更低阶的模式可以呈现波腹状态,如图 8.15 所示。这样,相邻模式的增益就可以在介质中的不同区域进行加强。不同模式之间的增益是去耦合的,这使得多个模式可以同时开始振荡。

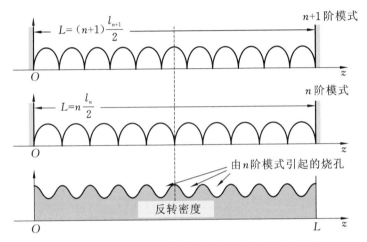

图 8.15　空间烧孔效应。不同阶数的纵模充满在激光介质中的不同区域

8.6　非稳态特性和脉冲产生

8.6.1　尖峰效应

前文只考查了稳态解,这意味着泵浦速率发生变化的时间宽度大于系统的时间常数。在这种情况下,主要的时间尺度是激光上能级的寿命。当泵浦速率出现快速振荡时,稳态平衡解将不再成立。这时需要特别注意,在系统启动后,泵浦速率从零跃升至某个固定值的变化过程。典型的情况是,粒子数反转和光子密度显示一种瞬态行为,如图 8.16 所示。由于此时在激光的输出功率曲线中出现了"尖峰",故这种现象就称为尖峰效应(spiking)。

为了描述尖峰效应,我们以高泵浦速率和存在自激现象的速率方程(式(8.19))为基础,进行如下简化:

$$K'=0,\quad FD'\approx0,\quad \delta\approx0 \tag{8.83}$$

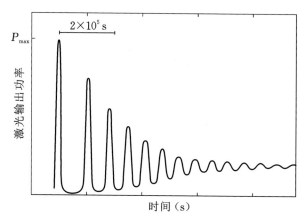

图8.16 稳定基模运转激光器输出功率的瞬态特性(尖峰效应)测试结果。该曲线为 20 次以上独立测量的平均值

因此,速率方程可简化为

$$\begin{cases} \dfrac{\mathrm{d}}{\mathrm{d}\tau}D' = \alpha P' - (1+\rho')D' \\ \dfrac{\mathrm{d}}{\mathrm{d}\tau}\rho' = D'\rho' - \alpha\rho' \end{cases} \tag{8.84}$$

其稳态解为

$$\frac{\mathrm{d}}{\mathrm{d}\tau}D' = \frac{\mathrm{d}}{\mathrm{d}\tau}\rho' = 0 \Rightarrow D'_0 = \alpha, \rho'_0 = P' - 1 \tag{8.85}$$

如果只忽略式(8.33)中与 F 成比例的那一项,这与高泵浦速率的解是一致的。通过反向替换可得到

$$D_0 = \frac{\beta}{B_{21}}, \quad \rho_0 = \frac{P}{\beta} - \frac{A_{21}}{B_{21}} \tag{8.86}$$

对于在稳定平衡解附近变化的时间依赖量,可以使用邓斯缪尔假定,将其写为

$$\rho(t) = \rho_0[1+\varepsilon(t)], \quad D(t) = D_0[1+\eta(t)] \quad \text{mit } |\varepsilon(t)|, |\eta(t)| \ll 1 \tag{8.87}$$

将式(8.87)代入速率方程式(8.84),且忽略 ε 与 η 的乘积项,得到

$$\begin{cases} \dot{\eta} = -\dfrac{B_{21}}{\beta}P\varepsilon + A_{21}\varepsilon - \dfrac{B_{21}}{\beta}P\eta \\ \dot{\varepsilon} = \beta\eta \end{cases} \tag{8.88}$$

通过对时间求导数,可以将 ε 从第一个方程中消除,方程变成了典型的阻

尼振荡方程,即

$$\begin{cases} \ddot{\eta} + a\dot{\eta} + b\eta = 0 \\ \dot{\varepsilon} = \beta\eta \end{cases} \tag{8.89}$$

式中:$a = \dfrac{B_{21}P}{\beta}$,$b = B_{21}P - A_{21}\beta$。

式(8.89)可以用一个复指数方法求解,即

$$\tilde{\eta} = \tilde{\eta}_0 e^{i\omega t - \gamma t} \Rightarrow (i\omega - \gamma)^2 + a(i\omega - \gamma) + b = 0 \tag{8.90}$$

$$\Leftrightarrow -\omega^2 + \gamma^2 - 2i\omega\gamma + ia\omega - a\gamma + b = 0$$

由于实部和虚部都各自为零,式(8.90)可以拆分成关于 ω 和 γ 的两个方程,即

$$\begin{cases} -2i\omega\gamma + ia\omega = 0 \Rightarrow \gamma = \dfrac{a}{2} \\ -\omega^2 + \gamma^2 - a\gamma + b \Rightarrow \omega^2 = b - \dfrac{a^2}{4} \end{cases} \tag{8.91}$$

只有解的实部具有物理意义,因此

$$\eta(t) = \Re(\tilde{\eta}) = \eta_0 \cos(\omega t) e^{-\gamma t} \tag{8.92}$$

式(8.92)描述了一个频率为 ω 的阻尼振荡。ε 与 ω 通过简单地对时间求导(式(8.88))联系在一起,因此使 ε 的一个相移谐振解为

$$\dot{\varepsilon} = \beta\eta \Rightarrow \tilde{\varepsilon} = \tilde{\varepsilon}_0 e^{i\omega t - \gamma t} \tag{8.93}$$

式中:$\tilde{\varepsilon}_0 = \dfrac{\beta}{i\omega - \gamma} \tilde{\eta}_0 = \dfrac{\beta}{\sqrt{\omega^2 + \gamma^2}} e^{-i\phi} \tilde{\eta}_0$,$\phi = \arctan \dfrac{\omega}{\gamma}$。

对于 ω 的实部,可以得出

$$\varepsilon(t) = \varepsilon_0 \cos(\omega t - \phi) e^{-\gamma t}, \quad \varepsilon_0 = \dfrac{\beta\eta_0}{\sqrt{\omega^2 + \gamma^2}} \tag{8.94}$$

这等价于一个相移 ϕ 的阻尼简谐振荡。相移的大小取决于频率 ω 与阻尼系数 γ 的关系:对于弱阻尼,即 $\gamma \to 0$,相位差趋近于 $\pi/2$。

综上所述,粒子数反转和光子密度的瞬态振荡结果为

$$\begin{cases} D(t) = D_0 [1 + \eta_0 \cos(\omega t) e^{-\gamma t}] \\ \rho(t) = \rho_0 [1 + \varepsilon_0 \cos(\omega t - \phi) e^{-\gamma t}] \end{cases} \tag{8.95}$$

式中:$\omega = \sqrt{B_{21}P - A_{21}\beta - \gamma^2}$,$\gamma = \dfrac{B_{21}P}{\beta}$,$\phi = \arctan \dfrac{\omega}{\gamma}$。

根据邓斯缪尔假定,图 8.17 为红宝石激光器的瞬态特性的数值计算结果。

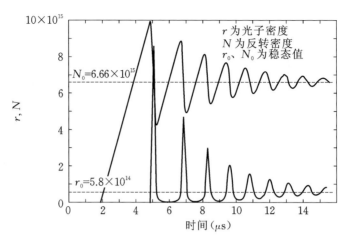

图 8.17 根据邓斯缪尔假定,得到红宝石激光器瞬态特性的数值计算结果

在实际应用中,尖峰效应具有重要意义:在激光系统工作的过程中,每次快速改变都会引起系统参数的变化,从而对期望的运行结果产生负面影响。需要注意的是,每种激光模式的瞬态特性都是不同的。因此,外耦合信号模式的线性叠加会引起大量非线性扰动的叠加,最终导致混乱的发射行为。这些行为不适合激光器在高精度场合的应用。

相比之下,这里提到的尖峰效应只在纯单模激光器中出现。通过周期性适当地调制泵浦速率或谐振腔损耗,可以消除振荡的阻尼 γ,以此来减弱尖峰效应,最终产生间距为 $T=2\pi/\omega$ 的周期性脉冲。脉冲的间距和振幅可以通过泵浦速率和谐振腔损耗调整。这也引出了利用调 Q 技术产生脉冲的基本思路。

8.6.2 非稳态脉冲的产生:调 Q 激光器

调 Q 技术是一种可以产生高强度周期性短激光脉冲的技术。利用该技术可以得到峰值功率高达千兆瓦量级而脉宽仅为纳秒量级的脉冲。调 Q 技术在第一台激光器发明不久后就被提出了,如今它已经成为一项激光标准技术。

在产生脉冲的过程中,调 Q 技术利用了激光介质可以存储能量及延迟释放的特点。其实现的基本原理为:光学谐振腔的品质在低和高之间切换。品质因数 Q 定义为谐振腔中存储的能量与损耗功率的比值,即

$$Q = \Omega \frac{E}{\dot{E}}$$

(8.96)

式中：$\Omega = \dfrac{2\pi c}{2L}$，为谐振腔的谐振角频率；$E$ 为谐振腔存储的能量；$\dot{E}$ 为瞬时能量变化（损耗功率）。

品质因数 Q 可以通过谐振腔的损耗来控制（见图 8.18）。高品质因数谐振腔的特点是损耗较低。根据式（8.36），激光阈值与谐振腔的损耗因数 β 成正比，故高品质因数谐振腔的激光阈值也特别低。

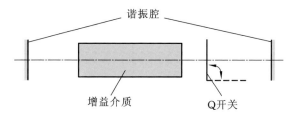

图 8.18　调 Q 激光器的结构示意图。Q 开关中断了谐振腔内的反馈，即谐振
　　　　腔失效且损耗上升

利用 Q 开关，首先大大降低谐振腔的品质；因此激光阈值会大幅升高，从而无法产生激光。这就使激光上能级仅能通过自发辐射缓慢地排空；在持续强泵浦作用下，粒子数反转变得很大。当粒子数反转达到最大值时，谐振腔的品质会被再次提高。此时激光阈值会骤降到一个非常低的值，在前期聚集的反转粒子数会在极短的时间内通过能级跃迁被消耗掉。在跃迁的过程中会产生一个高强度的短激光脉冲（巨脉冲）。随后，以上过程又可以重新开始。通过以上方法，可以持续产生周期性的高能量脉冲。调 Q 激光器一个循环周期内的瞬态过程如图 8.19 所示。

调 Q 过程可以使用与尖峰效应相同的速率方程（见式（8.84））来描述。考虑到式（8.17）和式（8.18），回归到未归一化参数，速率方程可写为

$$
\begin{cases}
\dot{D} = P - B_{21}D\rho - A_{21}D \\
\dot{\rho} = B_{21}D\rho - \beta\rho
\end{cases}
\tag{8.97}
$$

这个方程的近似解对应了调 Q 过程中不同阶段的反转粒子数和光子密度。假设谐振腔开启，即提升品质因数的时间点为 $t = t_{\mathrm{R}}$。光子密度及激光脉冲，在 $t = t_{\max}$ 时达到最大值（见图 8.19）。

1. 反转形成阶段（$t < t_{\mathrm{R}}$）

当谐振腔的品质因数很低时，腔内无法形成激光，同时光子密度也很低，有

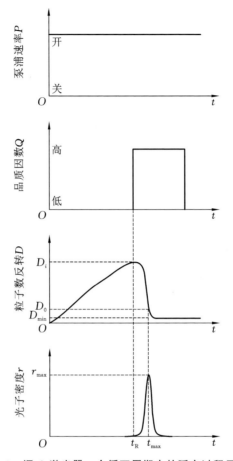

图 8.19 调 Q 激光器一个循环周期内的瞬态过程示意图

$$\rho \approx 0 \tag{8.98}$$

由此,粒子数反转方程可以被简化,对其求解得

$$\dot{D} \approx P - A_{21}D \Rightarrow D(t) = \frac{P}{A_{21}}(1 - e^{-A_{21}t}) = P\tau_{21}\left[1 - \exp\left(-\frac{t}{\tau_{21}}\right)\right] \tag{8.99}$$

式中:激光上能级的寿命为 $\tau_{21} = 1/A_{21}$。式(8.99)显示,粒子数反转随时间变化而上升,直到趋于最大反转粒子数 $\tau_{21}P$。除了泵浦速率之外,最大反转粒子数与激光上能级的寿命成正比。因此,较长的上能级的寿命 τ_{21} 是进行有效 Q 调制的必备条件。

在这种情况下,τ_{21} 称为介质的储能时间(storage time):它表示在不被自发辐射消耗掉的情况下,介质中反转粒子数存储的时长。对于大多数在光谱范围内工作的气体激光器和染料激光器来说,存储时间仅为几纳秒。通常固体激光器更适合进行品质因数的调制。

反转粒子数只能逐渐上升达到最大值。在实践中,反转形成阶段的持续时间 t_R 通常设定为 $3\tau_{21} \sim 5\tau_{21}$;此时,反转粒子数可以达到最大值的 95%。

2. 起始阶段($t > t_R$)

当 $t = t_R$ 时,打开 Q 开关,同时再次开启谐振腔。在激光形成的初期,光子密度迅速上升。因此,可进行如下近似

$$P \ll B_{21} D\rho, \quad A_{21} D \ll B_{21} D\rho \tag{8.100}$$

将其代入速率方程,得

$$\begin{cases} \dot{D} = -B_{21} D\rho \\ \dot{\rho} = B_{21} D\rho - \beta\rho \end{cases} \tag{8.101}$$

在开启谐振腔后的短时间内,粒子数反转变化很小。因此,有

$$D(t) \approx D(t = t_R) \equiv D_i, \quad \rho(t = t_R) \equiv \rho_i \tag{8.102}$$

成立。这表示在激光形成之前由于自发辐射而存在的光子密度,也即系统噪声(noise)。借助这些假设,可以从式(8.101)推断出一个指数型增长的光子密度,即

$$\rho(t) = \rho_i e^{(B_{21} D_i - \beta)t} \tag{8.103}$$

由式(8.101),可以得到反转粒子数密度

$$D(t) \approx D_i \left\{ 1 + \frac{B_{21}}{B_{21} D_i - \beta} \rho_i \left[1 - e^{(B_{21} D_i - \beta)t} \right] \right\} \tag{8.104}$$

如果光子密度继续增加,则反转粒子数会逐渐被消耗掉,那么光子密度表达式必须要考虑到反转粒子数的变化。此时第一个近似条件中需要考虑将光子密度与前面推导的反转粒子数密度表达式联系起来。因此,近似速率方程组(8.101)变为

$$\left(\frac{dD}{dt} \right)^{-1} = \frac{dt}{dD} = -\frac{1}{B_{21} D\rho} \Rightarrow \frac{d\rho}{dD} = \frac{d\rho}{dt} \cdot \frac{dt}{dD} = \frac{\beta}{B_{21} D} - 1 \equiv \frac{D_0}{D} - 1$$

$$\tag{8.105}$$

式中:$D_0 = \dfrac{\beta}{B_{21}}$,为激光运转中的饱和反转(见式(8.35))。解这个微分方程可以得出谐振腔开启后 t 时刻的光子密度,它是粒子数反转的函数为

$$\rho(t) = D_i - D(t) - D_0 \ln\left[\frac{D_i}{D(t)} \right] \tag{8.106}$$

3. 脉冲最大值($t = t_{\max}$)

光子密度在 $t_{\max}$ 时刻达到最大值,这时有

$$\rho(t = t_{\max}) = \rho_{\max} \Rightarrow \frac{\mathrm{d}\rho}{\mathrm{d}t}\bigg|_{t = t_{\max}} = 0 \tag{8.107}$$

由式(8.97),可得

$$B_{21}D(t_{\max})\rho_{\max} - \beta\rho_{\max} = 0 \Rightarrow D(t_{\max}) = \frac{\beta}{B_{21}} = D_0 \tag{8.108}$$

将其代入式(8.106),得到最大光子密度为

$$\rho_{\max} = D_i\left[1 - \frac{D_0}{D_i} - \frac{D_0}{D_i}\ln\left(\frac{D_i}{D_0}\right)\right] \tag{8.109}$$

式中:D_i/D_0 称为增强型阈值(threshold value reinforcement)。它表示在连续激光工作中,当激光脉冲刚产生时反转粒子数超过平衡态时反转粒子数的程度。对于较大的增强型阈值,括号中的因子趋于 1,有

$$\rho_{\max} \approx D_i \tag{8.110}$$

这表明几乎所有的反转粒子数都被转换成激光辐射,并产生一个非常强且短的激光脉冲。

4. 脉冲结束($t > t_{\max}$)

如图 8.20 所示,当 $t > t_{\max}$ 时,由于反转几乎完全转化为激光辐射,其值迅速下降到平衡值 D_0 以下,并且由于它非常小,光子密度也会消失,即

$$t > t_{\max}: D = D_{\min} < D_0, \quad \rho \to 0 \tag{8.111}$$

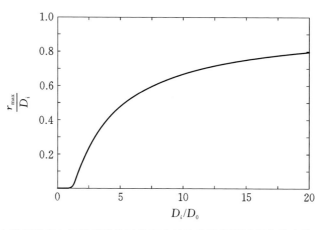

图 8.20 最大光子密度与初始反转粒子数密度的比值随增强型阈值的变化而变化的曲线

把 $\rho=0$ 代入式(8.106),有

$$D_i-D_{\min}-D_0\ln\left(\frac{D_i}{D_{\min}}\right)=0 \Leftrightarrow \frac{D_i}{D_0}-\ln\left(\frac{D_i}{D_0}\right)=\frac{D_{\min}}{D_0}-\ln\left(\frac{D_{\min}}{D_0}\right) \quad (8.112)$$

这个关于 $D_{\min}$ 的超越方程有两个解:第一个是 $D_{\min}=D_i$,它必须被舍去,因为它在物理上是不合理的;第二个解是

$$D_{\min}<D_0, \quad D_i>D_0 \quad (8.113)$$

这个关系式可由式(8.111)验证。

将 $D=D_{\min}=\mathrm{const}$ 代入速率方程(8.97),可以推导出光子密度的下降行为,即激光脉冲的下降沿

$$\dot{\rho}\approx B_{21}D_{\min}\rho-\beta\rho \Rightarrow \rho(t)=\rho_{\max}e^{-(\beta-B_{21}D_{\min})t}, \quad D_{\min}<D_0=\frac{\beta}{B_{21}} \quad (8.114)$$

基于激光脉冲的上升沿(式(8.106))和下降沿(式(8.114)),可以确定激光脉冲的宽度,它是光子密度降到最大值的一半时所对应的时间间隔。在式(8.114)中由最大值 $\rho_{\max}$ 计算在 $\rho_{\max}/2$ 处的脉冲宽度,可以得到近似的半强度脉宽,即

$$\Delta t_{1/2}\approx\frac{5}{2\beta}\sqrt{\frac{D_0}{\rho_{\max}}}=\frac{5}{2\beta}\sqrt{\frac{D_0}{D_i}} \quad (8.115)$$

这表明随着谐振腔品质因数 $Q(1/\beta)$ 和增强型阈值的增加,脉冲宽度将变窄。

转换效率 η_e 表示,在初始粒子数反转所存储的能量中有多大的份额转换为激光辐射:

$$\eta_e=\frac{E_{\mathrm{Pulse}}}{E_i} \quad (8.116)$$

式中:E_{Pulse} 为激光脉冲的辐射能;E_i 为初始粒子数反转中存储的能量。

激光脉冲中释放的总能量是由产生脉冲前后的反转粒子数差值决定的,即

$$E_{\mathrm{total}}=(D_i-D_{\min})h\nu \quad (8.117)$$

由于介质和谐振腔的内部损耗,这些能量并不能完全转化为脉冲能量 E_{Pulse}。然而在实际中,这些损耗可以被控制在最低限度,使得 $E_{\mathrm{Pulse}}\approx E_{\mathrm{total}}$ 仍然成立。在调 Q 脉冲初始阶段粒子数反转中存储的能量为

$$E_i=D_ih\nu \quad (8.118)$$

从而转化效率可以表示为

$$\eta_e=1-\frac{D_{\min}}{D_i} \quad (8.119)$$

将其代入式(8.112)中可知,转化效率完全取决于增强型阈值,即

$$\frac{1}{\eta_e}\ln\left(\frac{1}{1-\eta_e}\right)=\frac{D_i}{D_0} \tag{8.120}$$

对于小的增强型阈值,转换效率已经接近于 1,如图 8.21 所示。一般来说,增强型阈值都非常大。因此,调 Q 技术的效率非常高。粒子数反转中存储的能量几乎全部转换成脉冲能量。

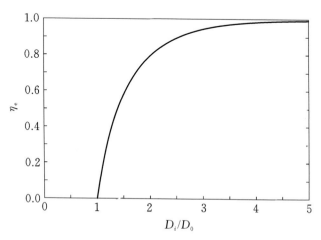

图 8.21 转化效率关于增强型阈值的函数

8.6.3　用于调 Q 的调制器

用于调 Q 的谐振腔损耗调制可以通过多种方法实现。在前述中,我们假设了一个理想的品质因数调制器,它可以在极短的时间内调节损耗值。然而,实际调制器在不同状态之间切换需要一个 $\tau_s>0$ 的切换时间,并且理想情况下给定的开关条件也并不是总能达到:在开状态下,会有残留的损耗发生;在关状态下,仍然会有残留的跃迁发生。

下面展示了几种不同类型的 Q 开关。

1. 机械调 Q

简单的机械调制方法是通过旋转带有针孔的挡板,周期性地遮挡谐振腔镜来实现的,如图 8.22 所示。然而,这种方法切换时间很长,效率也很低,因此,实际上这种方法不会应用于激光。

用一个可旋转的全反射棱镜代替其中一个谐振腔镜,是一种更有效的方法。只有当棱镜与谐振腔的轴形成某一特定角度,激光才能形成。在高旋转

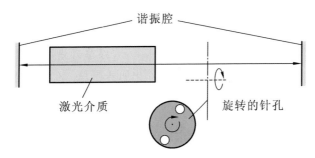

图 8.22　通过旋转带有针孔的挡板来实现机械调 Q

频率时,该角度仅能在很短的时间($\tau_s \approx 10^{-6}$ s)内达到,因此效率也会有相应的提高,如图 8.23 所示。

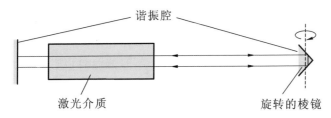

图 8.23　通过旋转棱镜来实现机械调 Q

2. 电光调 Q

最有效和最快的开关是电光调制器。为此,需要将电光器件(克尔盒或泡克耳斯盒)与偏振器组合。电光器件本质上由一个可以施加电压的电光晶体构成。在电压作用下,这些晶体会产生双折射效应,使得入射光的偏振态会随电压变化而受到影响。电光器件的名称来源于使用电压控制产生双折射效应的现象。

如图 8.24 所示的装置,假设从激光介质辐射出的光最初是线偏振的。当泡克耳斯盒未施加电压时,出射光的偏振态保持不变且此时腔内损耗最小。当施加适当的电压时,泡克耳斯盒会起到类似于 $\lambda/4$ 波片的作用,将线偏振转换为圆偏振。光在谐振腔镜上反射并再次通过泡克耳斯盒后,此时的偏振态相较初始偏振态旋转了 $90°$,由此光被偏射出了谐振腔。因此,反馈被中断。电光调制器的切换时间 τ_s 的量级为 10^{-9} s,并且可以很好地被控制。

3. 声光调 Q

在声光晶体内可以产生超声波场。此时,晶体密度会产生周期性的变化,从而引起声光晶体的折射率也产生相应周期性的变化。而周期性变化的折射

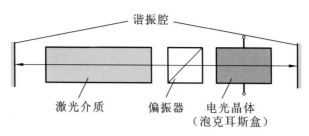

图 8.24　电光调 Q

率可以起到类似光栅的作用，将入射光折射出谐振腔，如图 8.25 所示。

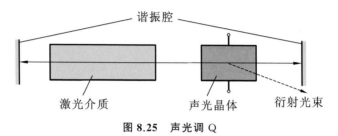

图 8.25　声光调 Q

4. 可饱和吸收体

到目前为止所讨论的开关都是有源器件，这意味着它们都需要外部介入控制。此外，还可通过无源开关自调制产生脉冲激光。最常见和最简单的无源开关可以使用可饱和吸收体（saturable absorber）来实现，如图 8.26 所示。随着入射光强度的增大，可饱和吸收体会逐渐变得透明。因此，当强度不断增大直到超过某个阈值时，开关才会开启。为了使激光介质的粒子数反转达到最大值时恰好能达到这个阈值，需要选择合适的吸收体。

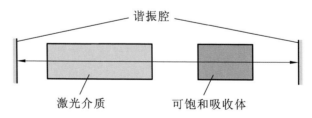

图 8.26　通过可饱和吸收体实现被动（自调制）调 Q

最常见的是，染料溶液或有色玻璃用于可饱和吸收体。对于部分激光器，也可以使用某些特定气体。

表 8.1 中总结了不同光开关的典型切换时间。

表 8.1 光开关的典型切换时间

光开关	切换时间(s)
旋转带有针孔的挡板	10^{-5}
旋转棱镜	10^{-6}
可饱和吸收体	10^{-8}
电光开关	10^{-9}

8.6.4 腔倒空

腔倒空是一种与调 Q 相关并且可以产生短激光脉冲的方法。为此,需要一个可以在完全反射和完全透射之间进行切换的谐振腔。这可以通过一个泡克耳斯盒和反射式偏振器的组合来实现,如图 8.27 所示。

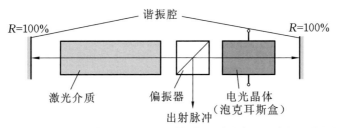

图 8.27 用于腔倒空的谐振腔设置:通过切换经过泡克耳斯盒的光的偏振态,谐振腔被打开并使其中存储的辐射能量以短脉冲形式耦合输出

在无电压情况下,光束(线偏振)可以通过偏振器和泡克耳斯盒,并且在前全反射镜上被反射。由于缺少耦合输出,谐振腔内的损耗非常小,这使得在谐振腔中建立了一个非常强的辐射场。如果此时在泡克耳斯盒上施加电压,入射光的偏振态将被旋转 $90°$。已改变偏振态的光被偏振器反射,在一个振荡周期内完全被耦合输出。因此,使用腔倒空方法产生的脉冲宽度与振荡周期相同,即

$$\tau_{\text{Puls}} = T_{\text{Resonator}} = \frac{2L}{c} \tag{8.121}$$

式中:τ_{Puls} 为脉冲时长;$T_{\text{Resonator}}$ 为谐振腔的周期时间;L 为谐振腔长度;c 为光速。

因此,典型的脉冲持续时间为 10^{-9} s 的量级。

定制光:生产用高功率激光器

8.6.5 控制脉冲波形的实例

通过在切换开关中实时控制谐振腔的损耗,可以控制调 Q 激光器的脉冲波形和脉冲宽度。图 8.28 展示了一个利用逐渐减小谐振腔损耗来控制激光脉冲的仿真结果。脉冲的上升沿也可以通过类似的方法来控制。

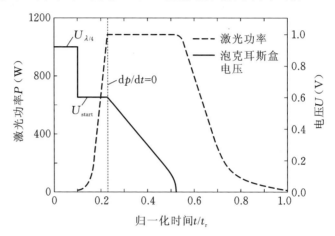

图 8.28　通过调 Q 延长脉冲。当电压 $U=0$ 时,偏振器和泡克耳斯盒的组合是透明的;当 $U=U_{start}$ 时,其是半透明的;当 $U=U_{\lambda/4}$ 时,其是不透明的

通过两步调 Q 产生间隔很短的双脉冲,如图 8.29 所示。

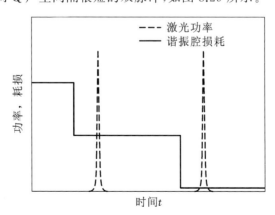

图 8.29　通过两步调 Q 产生间隔很短的双脉冲

8.7　静态脉冲产生:锁模

8.6 节所介绍的产生短激光脉冲的方法是非稳态的(nonstationary)。该方法中激发能量最初存储在谐振腔中,然后以辐射能量的形式短暂地重新发

210

射。系统惯性使瞬态和弛豫时间成为显著的干扰因素并限制了最小脉冲宽度。因此,为了获得更短的脉冲,必须使用静态操作(stationary operation)。这意味着存储在谐振腔中的能量在时域平均上保持恒定,从而尽可能避免系统惯性影响。静态脉冲产生的一种方法是锁模(mode locking)。该过程基于激发众多具有固定相位关系的纵向谐振模式,这种方法可以实现小于10^{-12} s的脉冲长度和大于10^9 W的脉冲功率。

8.7.1 纵向谐振模式的叠加

纵向谐振模式的波长由谐振腔中的驻波条件决定,即

$$n\lambda_n = 2L, \quad n = 0,1,2,\cdots \tag{8.122}$$

式中:λ_n 为第 n 个纵模的波长;L 为谐振腔长度。

纵向谐振模式如图 8.30 所示。

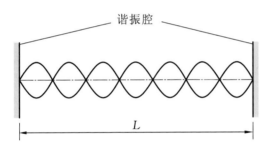

图 8.30 纵模:由谐振腔选择频率

本征模式的角频率 ω_n 和波数 k_n 分别由

$$\omega_n = n\frac{\pi c}{L}, \quad k_n = n\frac{\pi}{L}, \quad n = 0,1,2,\cdots \tag{8.123}$$

给出。式(8.123)中的 c 为光速。

相邻模式的频率差为

$$\Omega \equiv \omega_{n+1} - \omega_n = \frac{\pi c}{L} \tag{8.124}$$

式中:Ω 为相邻模的差频。

谐振腔模式的频谱示意图如图 8.31 所示。

在谐振腔中,原则上可以同时存在任何数量的不同频率的模式。起初这些模式是相互独立的,因此起初的振荡也呈现任何数量的相对相位和幅度。谐振腔中的总电场源于所有模式的场强之和,即

定制光:生产用高功率激光器

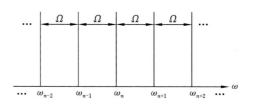

图 8.31　谐振腔模式的频谱示意图

$$E(z,t)=\sum_n E_n(z,t)=\sum_n E_{0,n}\mathrm{e}^{\mathrm{i}k_n z-\mathrm{i}\omega_n t},\quad E_{0,n}=\left|E_{0,n}\right|\mathrm{e}^{\mathrm{i}\phi_n} \quad (8.125)$$

式中：$E_{0,n}$ 为第 n 个模式的复合场振幅；ϕ_n 为第 n 个模式的相位。

由于相位的静态分布，有

$$\sum_{n\neq m}E_m(z,t)E_n^*(z,t)=0 \quad (8.126)$$

成立。

这是因为每个求和平均项彼此相互抵消。相应地，对于谐振腔中 $N(\gg 1)$ 个模式的总强度为

$$I(z,t)\sim E(z,t)E^*(z,t)=\sum_{m=1}^N\sum_{n=1}^N E_m(z,t)E_n^*(z,t)=\sum_{m=1}^N E_m(z,t)E_m^*(z,t)$$
$$=\sum_{m=1}^N\left|E_{0,m}\right|^2 \quad (8.127)$$

式中：N 为模式数量。

为了简化，我们假设模式振幅相等，则总强度为

$$\left|E_{0,m}\right|=\left|E_0\right|\Rightarrow I(z,t)=\sum_{m=1}^N\left|E_0\right|^2=N\left|E_0\right|^2\equiv N\cdot I_0 \quad (8.128)$$

式中：I_0 为每个模式的强度。

在相位符合统计分布的规律时，模式的叠加结果在时间和空间上的总强度基本上是恒定的，其对应于各个模式的强度之和。

如果模式的相位都相等，则叠加会产生完全不同的现象。同样，为了简化，假设所有模式表现出相同振幅，如图 8.32 所示，总强度结果为

$$I(z,t)\sim\left|E_0\right|^2\sum_{m=1}^N\sum_{n=1}^N\mathrm{e}^{\mathrm{i}(k_m-k_n)z-\mathrm{i}(\omega_m-\omega_n)t}=\left|E_0\right|^2\sum_{m=1}^N\sum_{n=1}^N\exp\left[\mathrm{i}(m-n)\frac{\Omega}{c}(z-ct)\right]$$
$$(8.129)$$

同时满足：

$$\frac{\Omega}{c}(z-ct)=2\pi\cdot j\Leftrightarrow z-ct=2L\cdot j,\quad j=0,1,2,\cdots \quad (8.130)$$

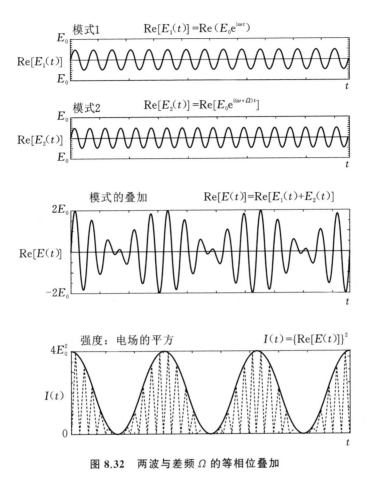

图 8.32　两波与差频 Ω 的等相位叠加

对于在式(8.129)中的所有被加数,指数函数总是为 1。此时强度达到最大值,即

$$I_{\max} = N^2 \mid E_0 \mid ^2 \equiv N^2 I_0 \tag{8.131}$$

这些强度最大值的空间间隔和时间间隔可以从式(8.130)中得出

$$\Delta z = 2L, \quad \Delta t = \frac{2L}{c} \equiv T \tag{8.132}$$

这表明最大值相继出现的时间间隔等于谐振腔周期时间 T,这也说明最大值出现在谐振腔中这个时间点上,如图 8.33 所示。

由于模式之间相位关系固定,可以产生最大强度的规则脉冲,该最大强度相对于单个模式强度而言,与模式数量的平方成正比。这一原理构成了锁模的基础。当有许多模式参与时,可以获得非常高的峰值强度,如图 8.34 所示。

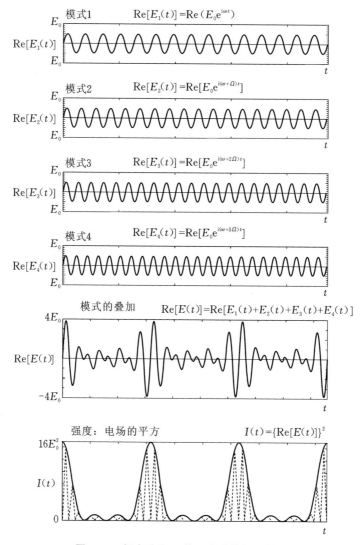

图 8.33 频率差为 Ω 的四个波等相位叠加

为了确定那些强度极大值之间的间隔，需要对等相位波叠加的结果进行更精确的考察。对于固定时间，例如，$t=0$，N 个模式的叠加恰好对应于 N 个平面波的干涉。在光栅后面的屏幕上，干涉图案随强度变化而变化，即

$$I(z)=I_0\frac{\sin\left(\dfrac{1}{2}Nk_zz\right)^2}{\sin\left(\dfrac{1}{2}k_zz\right)^2},\quad k_z=k\frac{g}{D} \tag{8.133}$$

式中：g 为光栅常数；D 为光栅和屏幕之间的距离；k 为使用的辐射波数。

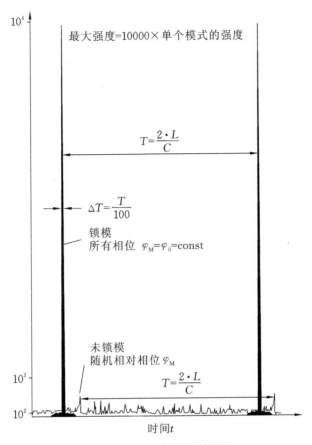

图 8.34　100 个模式的锁模图

当类比到 N 模式叠加时,只需将 k_z 用模式的波数差 Δk 代替即可。同样,对于固定位置,可以看到强度的瞬态过程,如 $z=0$,有

$$I(t)=I_0\frac{\sin\left(\dfrac{N\Omega}{2}t\right)^2}{\sin\left(\dfrac{\Omega}{2}t\right)^2},\quad \Omega=\frac{\pi c}{L} \tag{8.134}$$

脉冲的半高强度宽度 ΔT 可以由式(8.134)确定

$$I(\Delta T)=\frac{1}{2}I_{\max}\Rightarrow\Delta T=\frac{1}{N}\frac{2L}{c}=\frac{1}{N}T \tag{8.135}$$

这意味着随着模式数量的增加,脉冲宽度与 $1/N$ 成比例地减小。

8.7.2　主动和被动锁模

前文展示了如何通过多个模式的相位耦合叠加,来获得高强度脉冲。不过，如何实现相位耦合仍然是一个问题。解决这一问题的必要途径是使用宽带放大介质（wide-band amplifying medium），这使得尽可能多的模式在宽谱范围内被放大，从而实现模式锁定。

所有触发锁模机制都基于相同的方法：利用频率差 Ω 对谐振腔损耗（或者更确切地说，放大）进行时间域调制。这种调制的影响很容易辨别，如当其中一面腔镜的反射系数改变时，有

$$r = r_0 + \tilde{r}\cos(\Omega t), \quad \tilde{r} < r_0 \tag{8.136}$$

式中：r 为谐振腔镜振幅反射系数。

这种谐振腔损耗调制导致谐振腔模式场强附加了时间依赖性，即

$$
\begin{aligned}
E_n(t) &= [E_{0,n} + \tilde{E}_{0,n}\cos(\Omega t)]\mathrm{e}^{-\mathrm{i}\omega_n t} \\
&= E_{0,n}\mathrm{e}^{-\mathrm{i}\omega_n t} + \frac{1}{2}\tilde{E}_{0,n}(\mathrm{e}^{-\mathrm{i}\Omega t} + \mathrm{e}^{\mathrm{i}\Omega t})\mathrm{e}^{-\mathrm{i}\omega_n t} \\
&= E_{0,n}\mathrm{e}^{-\mathrm{i}\omega_n t} + \frac{1}{2}\tilde{E}_{0,n}[\mathrm{e}^{-\mathrm{i}(\omega_n + \Omega)t} + \mathrm{e}^{-\mathrm{i}(\omega_n - \Omega)t}] \\
&= E_{0,n}\mathrm{e}^{-\mathrm{i}\omega_n t} + \frac{1}{2}\tilde{E}_{0,n}(\mathrm{e}^{-\mathrm{i}\omega_{n+1}t} + \mathrm{e}^{-\mathrm{i}\omega_{n-1}t})
\end{aligned}
\tag{8.137}
$$

式中：$\tilde{E}_{0,n}$ 为第 n 模式的调制幅度。

可以发现产生了 Ω 调制的边带（sidebands），恰好与相邻模式重叠，如图 8.35 所示。由此，相邻模式被激发振荡，振荡的频率和幅度由边带给出，这样使相邻模式的相位同步。由于损耗的调制可以作用到每个振荡模式，因此每个模式都会产生边带，并且耦合扩展到整个模式频谱。

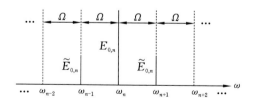

图 8.35　调制产生的边带的示意图

基本上，损耗调制的发生类似于调 Q 过程。在大多数情况下，电光或声光器件被用于有源调制器。通过在泡克耳斯盒上施加频率 Ω 的交流电压来简单地调制谐振腔损耗，该原理称为主动锁模。

然而，当产生超短脉冲时，更倾向于使用可饱和吸收体的无源器件进行锁模。在这种情况下，谐振腔中循环的激光脉冲本身产生损耗调制。

  当激光脉冲通过可饱和吸收体时,总是被驱动到饱和状态来降低吸收损耗。由于 $T=2\pi/\Omega$ 恰好是谐振腔的周期时间,因此该过程引起谐振腔损耗的周期性(Ω)调制。这种情况称为被动锁模(passive mode locking)或自诱导锁模(self-induced mode locking)。

  被动锁模在大多数激光系统中自发地开始振荡。为此,必须达到至少一次吸收体的饱和极限,以便触发损耗调制。一个规律性的情况是,激光过程起始于足够的微扰和起伏,它使得强度最大值恰好达到谐振腔的饱和极限。如果不是这样的情况,则不会自发地触发锁模过程,这样一个强度尖峰必然由外部微扰引起,如反射镜的振动。